# 今すぐ使える かんたん WordPress 入門

Imasugu Tsukaeru Kantan Series : WordPress

技術評論社

# 本書の使い方

- 本書の各セクションでは、画面を使った操作の手順を追うだけで、WordPressの使用方法がわかるようになっています。
- 操作の流れに番号を付けて示すことで、操作手順を追いやすくしてあります。

- セクションという単位ごとに機能を順番に解説しています。
- セクション名は具体的な作業を示しています。
- セクションの解説内容のまとめを表しています。
- キーワードを表示しています。
- 操作内容の見出しです。
- 番号付きの記述で操作の順番が一目瞭然です。
- 読者が抱く小さな疑問を予測して、できるだけ**ていねいに解説**しています。

薄くてやわらかい
上質な紙を使っているので、
**開いたら閉じにくい書籍に**
なっています！

頁の端には、次の4種類の「解説」を配置しています。

| | |
|---|---|
| **Memo** 補足説明 | **Hint** 便利な操作 |
| **Keyword** 用語の解説 | **Step up** 応用操作解説 |

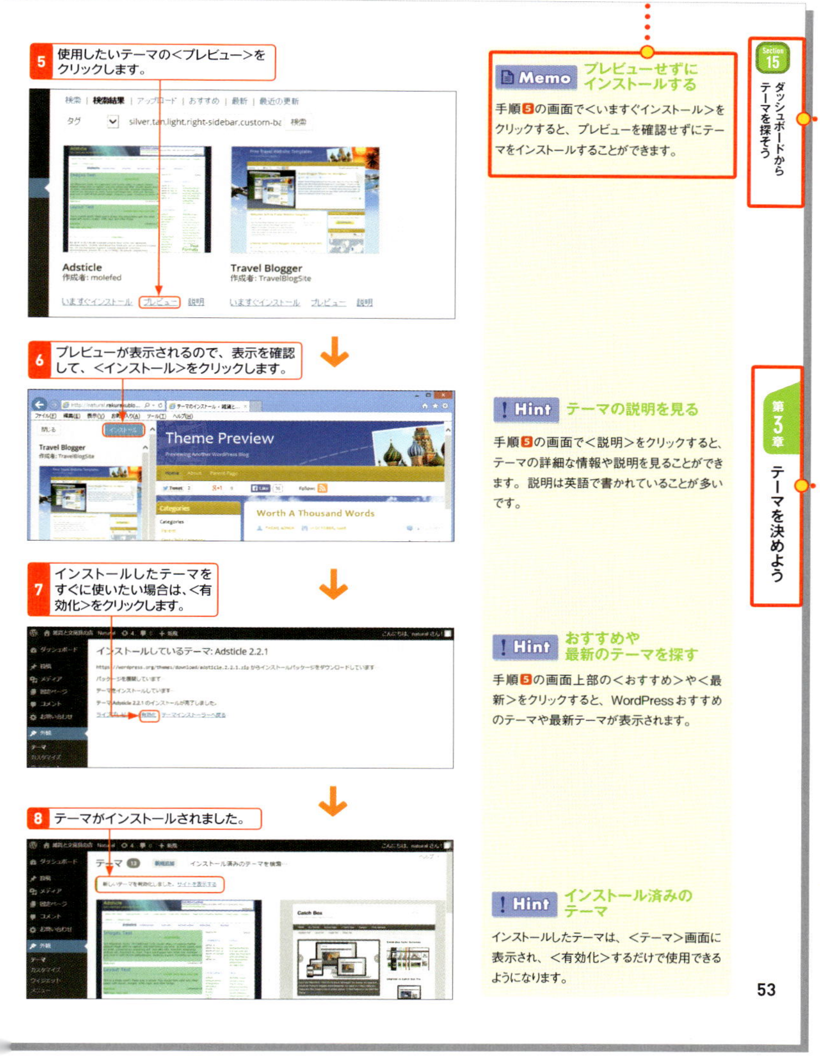

5 使用したいテーマの<プレビュー>をクリックします。

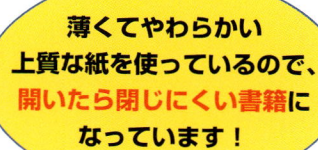

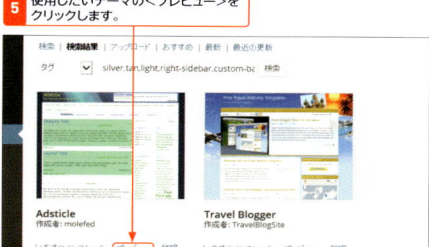

**Memo** プレビューせずにインストールする

手順5の画面で<いますぐインストール>をクリックすると、プレビューを確認せずにテーマをインストールすることができます。

頁上部には、セクション名とセクション番号を表示しています。

6 プレビューが表示されるので、表示を確認して、<インストール>をクリックします。

**Hint** テーマの説明を見る

手順5の画面で<説明>をクリックすると、テーマの詳細な情報や説明を見ることができます。説明は英語で書かれていることが多いです。

章が探しやすいように、頁の両側に章の見出しを表示しています。

7 インストールしたテーマをすぐに使いたい場合は、<有効化>をクリックします。

**Hint** おすすめや最新のテーマを探す

手順5の画面上部の<おすすめ>や<最新>をクリックすると、WordPressおすすめのテーマや最新テーマが表示されます。

8 テーマがインストールされました。

**Hint** インストール済みのテーマ

インストールしたテーマは、<テーマ>画面に表示され、<有効化>するだけで使用できるようになります。

**大きな画面で**
**該当個所がよくわかる**
**ようになっています！**

本書の使い方 ................................................................................................. 2

# 第1章 WordPressを始める準備

**Section01　WordPressとは** ................................................................................. 12
　WordPressのおもな画面
　WordPressのおもな機能

**Section02　WordPressでできること** ................................................................... 14
　ブログを作成する
　ウェブサイトを作成する

**Section03　WordPressを使うには** ....................................................................... 16
　WordPressを使い始めるまでの手順

**Section04　ドメインを取得しよう** ....................................................................... 18
　ドメインを取得する

**Section05　サーバーをレンタルしよう** ............................................................... 22
　サーバーをレンタルする
　その他のレンタルサーバー

**Section06　WordPressをサーバーに自動インストールしよう** ........................... 26
　WordPressをインストールする

# 第2章 WordPressの基本設定をしよう

**Section07　WordPressにログインしよう** ........................................................... 30
　WordPressにログインする
　WordPressからログアウトする

**Section08　管理画面（ダッシュボード）の見方を知ろう** ................................... 32
　ダッシュボードの基本構成
　メニューから画面を切り替える

**Section09　サイト名とキャッチフレーズを設定しよう** ..................................... 34
　サイト名とキャッチフレーズを入力する
　変更を確認する

**Section10　日付と時刻の設定をしよう** ............................................................... 36
　日付と時刻の表示形式を選択する
　日付表示をカスタマイズする

**Section11　パーマリンクの設定をしよう** ........................................................... 38
　パーマリンクの表示方法を選択する

**Section12　サイトを表示しよう** ........................................................................... 40
　ダッシュボードからサイトを表示する

## 第3章 テーマを決めよう

**Section13　WordPressのテーマとは** ……………………………………………… 42
　テーマとは
　テーマの構成

**Section14　WordPress公式のテーマを設定しよう** …………………………… 44
　テーマを適用する
　ヘッダー画像を設定する
　文字色を設定する
　背景色を設定する
　背景画像を設定する
　テーマのカスタマイズを終了する

**Section15　ダッシュボードからテーマを探そう** ……………………………… 52
　テーマを検索する

**Section16　無料のテーマを使ってカスタマイズしよう** ……………………… 54
　BizVektorをダウンロードする
　BizVektorを有効にする
　BizVektorをカスタマイズする

**Section17　公式テーマと便利なテーマの紹介** ………………………………… 62
　おすすめテーマの紹介

## 第4章 サイトのトップページを作ろう

**Section18　「投稿」と「固定ページ」の違いとは？** ………………………… 66
　「投稿」とは
　「固定ページ」とは

**Section19　サイトのページ構成を考えよう** …………………………………… 68
　テンプレートの種類
　テンプレートを活用する

**Section20　トップページのベースを作ろう** …………………………………… 70
　トップページとなる固定ページを作成する

**Section21　ページに画像を挿入しよう** ………………………………………… 72
　固定ページに画像を掲載する

**Section22　文字を装飾しよう** …………………………………………………… 74
　文字を太字にする
　文字の色を変更する
　文字を斜体にする

**Section23　文字や画像にリンクを張ろう** ……………………………………… 76
　文字にリンクを追加する
　画像にリンクを追加する

**Section24　ページのレイアウトを整えよう** …………………………………… 78
　文字を中央揃えにする
　画像の位置を変更する

Section25　固定フロントページを設定しよう……………………………………………80
　　　　　　ページのプレビューを確認する
　　　　　　固定フロントページを設定する

# 第5章　サイトのページを充実させよう

Section26　サイトに必要なページを作ろう……………………………………………84
　　　　　　サイトの各ページを作成する
　　　　　　サイトをカスタマイズする

Section27　固定ページを追加しよう……………………………………………………86
　　　　　　固定ページを作成する
　　　　　　子ページを作成する

Section28　メニューを追加しよう………………………………………………………88
　　　　　　メニューの設定をする

Section29　写真をライブラリに追加しよう……………………………………………90
　　　　　　写真をドラッグ&ドロップで追加する
　　　　　　写真をフォルダから選択して追加する

Section30　ライブラリの写真を編集しよう……………………………………………92
　　　　　　写真の編集画面を開く
　　　　　　写真を回転・反転する
　　　　　　写真をトリミングする
　　　　　　写真のサイズを縮小する

Section31　アルバムページを作ろう……………………………………………………96
　　　　　　ギャラリーを作成する
　　　　　　ギャラリーの写真を確認する

Section32　YouTubeの動画をページに掲載しよう…………………………………100
　　　　　　ページに動画を掲載する
　　　　　　動画の表示サイズを変更して掲載する
　　　　　　掲載した動画を確認する

Section33　ページにGoogleマップを掲載しよう……………………………………104
　　　　　　ページに地図を掲載する

Section34　コメント欄を非表示にしよう……………………………………………106
　　　　　　コメント欄を一括で非表示にする

Section35　サイドバーをカスタマイズしよう………………………………………108
　　　　　　サイドバーに表示する項目を選択する

Section36　ページにパスワードをかけよう…………………………………………110
　　　　　　ページにパスワードを設定する
　　　　　　パスワード付きのページを見る

Section37　作成済みのページを編集しよう…………………………………………112
　　　　　　ページごとに編集する
　　　　　　複数のページをまとめて編集する
　　　　　　＜クイック編集＞で編集する

# 第6章 プラグインで便利な機能を追加しよう

**Section38　プラグインとは** ……………………………………………………………… 116
　プラグインを使用する
　プラグインの使用例

**Section39　プラグインの使い方を知ろう** ………………………………………………… 118
　プラグインの管理画面を表示する
　プラグインを探す

**Section40　サイトマップを表示させよう** ………………………………………………… 120
　サイトマップを表示するページを作成する
　PS Auto Sitemapをインストールする
　プラグインの設定をする
　サイトマップ用のページの設定をする

**Section41　トップページにお知らせを載せよう** ………………………………………… 126
　What's New Generatorをインストールする
　プラグインの設定をする
　コードをページに追加する

**Section42　メールフォームを設置しよう** ………………………………………………… 130
　Contact Form 7をインストールする
　メールフォームを設定する

**Section43　投稿画面の機能を拡張しよう** ………………………………………………… 134
　TinyMCE Advancedをインストールする
　使用する項目を選択する
　拡張機能を利用する

**Section44　スパムコメント対策をしよう** ………………………………………………… 142
　Akismetを有効化する
　キーを取得する
　キーの設定をする

**Section45　コメント欄に画像認証を設置しよう** ………………………………………… 148
　SI CAPTCHA Anti-Spamをインストールする

**Section46　カテゴリーの表示順を変えよう** ……………………………………………… 150
　Category Orderをインストールする
　カテゴリーの並べ替えをする

**Section47　サイドバーに画像付きリンクを載せよう** …………………………………… 154
　プラグインを有効化する
　プラグインの設定をする

**Section48　プラグインを管理しよう** ……………………………………………………… 160
　プラグインを停止する
　プラグインを削除する
　プラグインを更新する
　停止中のプラグインを有効にする

**Section49　便利なプラグインの紹介** ……………………………………………………… 164
　おすすめプラグインの紹介

## 第7章 サイトにブログを作ろう

**Section50** ブログを作ってみよう .................................................. 166
　「投稿」機能を使う
　メニューにカテゴリーを表示する

**Section51** 投稿機能を使おう .................................................. 168
　ブログを新規投稿する

**Section52** 投稿にカテゴリーを設定しよう .................................................. 170
　カテゴリーを作成する
　記事にカテゴリーを設定する

**Section53** カテゴリーの追加や削除をしよう .................................................. 172
　投稿画面からカテゴリーを追加する
　カテゴリーの編集をする
　階層化したカテゴリーを設置する
　カテゴリーを削除する

**Section54** 投稿記事のスタイルを変えよう .................................................. 176
　投稿の背景に色をつける
　リンクの文字を目立たせる
　投稿者の名前を表示する

**Section55** ブログ記事の編集や削除をしよう .................................................. 180
　投稿内容を編集する
　クイック編集でタイトルやカテゴリーを編集する
　投稿をゴミ箱に入れる
　ゴミ箱から削除する
　ゴミ箱の投稿を元に戻す

**Section56** 投稿を一括編集しよう .................................................. 184
　投稿を一括編集する
　条件を指定して一括編集する

**Section57** コメントを承認制にしよう .................................................. 186
　コメントの基本設定をする
　コメントを承認する
　コメントに返信する
　コメントをスパム報告する

**Section58** 投稿に「続きを読む」を設定しよう .................................................. 190
　「続きを読む」を設定する

**Section59** ブログをメニューに表示しよう .................................................. 192
　カテゴリーをメニューに表示させる
　メニューを確認する

**Section60** アイキャッチ画像を設定しよう .................................................. 194
　投稿にアイキャッチを入れる

## 第8章 ソーシャルメディアと連携しよう

**Section61　Facebookに同時投稿しよう** …… 196
　プラグインの設定をする
　Facebookとの連携設定をする
　Facebookに同時投稿をする

**Section62　Twitterに自動投稿しよう** …… 202
　WordTwitをインストールする
　自動投稿の設定をする
　Twitterに同時投稿する

**Section63　Twitterのツイートをサイドバーに表示しよう** …… 208
　ウィジェットを作成する
　ウィジェットを設置する
　表示を確認する

**Section64　ページにソーシャルボタンを設置しよう** …… 212
　WP Social Bookmarking Lightをインストールする
　ソーシャルボタンを設置する

## 第9章 サイトを運営・管理しよう

**Section65　プラグインでSEOを実施してみよう** …… 216
　All in One SEO Packをインストールする
　プラグイン全体の設定をする
　ページごとにSEOの設定をする

**Section66　プラグインでセキュリティ対策をしよう** …… 220
　Login LockDownをインストールする

**Section67　リンク切れを自動で確認しよう** …… 222
　Broken Link Checkerをインストールする

**Section68　データのバックアップをとろう** …… 224
　BackWPupをインストールする
　バックアップの設定をする
　バックアップを実行する

**Section69　サイトの管理者を複数にしよう** …… 230
　ユーザーを追加する
　追加したユーザーでログインする

**Section70　WordPressを更新しよう** …… 232
　WordPressをアップグレードする

## 付録

付録1　WordPressを手動でインストールしよう ……………………………………… 234

付録2　ページ制作に便利なツール・サイト紹介 ……………………………………… 246

索引 ………………………………………………………………………………………… 252

---

### ご注意：ご購入、ご利用の前に必ずお読みください

● 本書に記載された内容は、情報の提供のみを目的としています。したがって、本書を用いた運用は、必ずお客さま自身の責任と判断によって行ってください。これらの情報の運用の結果について、技術評論社および著者はいかなる責任も負いません。

● ソフトウェアに関する記述は、特に断りのない限り、2014年5月9日現在での最新バージョンをもとにしています。ソフトウェアはバージョンアップされる場合があり、本書での説明とは機能内容や画面図などが異なってしまうこともあり得ます。あらかじめご了承ください。

● インターネットの情報については、URLや画面などが変更されている可能性があります。ご注意ください。

以上の注意事項をご承諾いただいた上で、本書をご利用願います。これらの注意事項をお読みいただかずに、お問い合わせいただいても、技術評論社は対応しかねます。あらかじめご承知おきください。

■ 本書に掲載した会社名、プログラム名、システム名などは、米国およびその他の国における登録商標または商標です。本文中では™マーク、®マークは明記していません。

# 第1章
# ［WordPressを始める準備］

- Section 01 ▶ WordPressとは
- Section 02 ▶ WordPressでできること
- Section 03 ▶ WordPressを使うには
- Section 04 ▶ ドメインを取得しよう
- Section 05 ▶ サーバーをレンタルしよう
- Section 06 ▶ WordPressをサーバーに自動インストールしよう

# Section 01 WordPressとは

WordPressは、世界中で幅広く利用されている、無料のブログサービスです。デザインなどを自由にカスタマイズすることができ、ブログだけでなく、ウェブサイトを作る目的でも多く利用されています。WordPressで思い通りのウェブサイトを作りましょう。

**覚えておきたいキーワード**
- WordPress
- ブログ
- ウェブサイト

## 1 WordPressのおもな画面

**Keyword WordPress**

WordPressは2003年にリリースされ、以来、バージョンアップを重ねながら、ユーザー数を伸ばしてきました。自由度の高いカスタマイズ性と豊富に用意された機能が特徴で、今日では、プログラマやウェブデザイナーといった専門的な人から、コードの知識を持たない人まで、多くの人が使っているサービスです。

WordPressは、無料でブログやウェブサイトを作成することができるシステムです。分かりやすい管理画面と、豊富な機能で、かんたんにウェブサイトを作ることが可能です。

**WordPressで作成したウェブサイトの例**

# 2 WordPressのおもな機能

## ページの作成などいろいろな操作を行うことができる管理画面（ダッシュボード）

### Keyword ダッシュボード

WordPressの管理画面のことをダッシュボードと呼びます。ダッシュボードからは、ページ全体のデザインや設定、新規ページや投稿の追加・編集といった各種の操作を行うためのメニューが表示されています。画面左のサイドバーメニューをクリックすると、画面中央にその項目が表示されます。

## 豊富なデザインから選ぶことができる「テーマ」

### Keyword テーマ

「テーマ」とは、サイトの全体的なデザインを決定するテンプレートのようなものです。WordPressには数多くのテーマが用意されており、無料で利用することができます。また、文字の色や背景色、ヘッダーの写真などは自分で選択することが可能で、オリジナリティの高いサイトデザインを作ることができます。

## ウェブサイトに便利な機能を追加できる「ウィジェット」

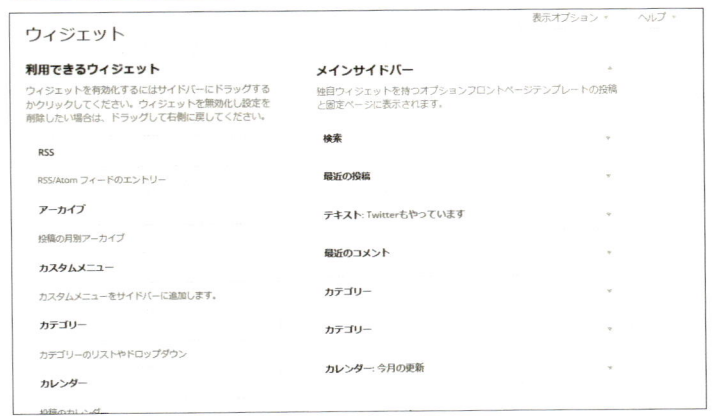

### Keyword ウィジェット

「ウィジェット」を使うと、サイトの左右に表示されるサイドバーに表示する項目を簡単に設定することができます。ウィジェットには投稿やコメントの一覧のほか、TwitterやFacebookの最近の投稿を表示することもできます。

# Section 02 WordPressでできること

**覚えておきたいキーワード**
- ▶ 投稿
- ▶ トップページ
- ▶ 地図のページ

WordPressでは、記事を投稿して更新していくブログのような使い方や、複数のページを作成してひとつのウェブサイトを構築する使い方など、目的に合わせていろいろな使い方をすることができます。なお、本書では、ページを作成してサイトを作る方法を主に解説します。

## 1 ブログを作成する

**Memo ブログ形式のサイトを作る**

ブログ形式のサイトは、日記や、常に新しい情報を知らせたい場合などに向いています。

WordPressでは「投稿」という機能を使うと、随時新しい記事をトップに表示していくブログ形式のサイトを作ることができます。投稿機能については、第7章で詳しく解説します。

投稿した記事の一覧ページ

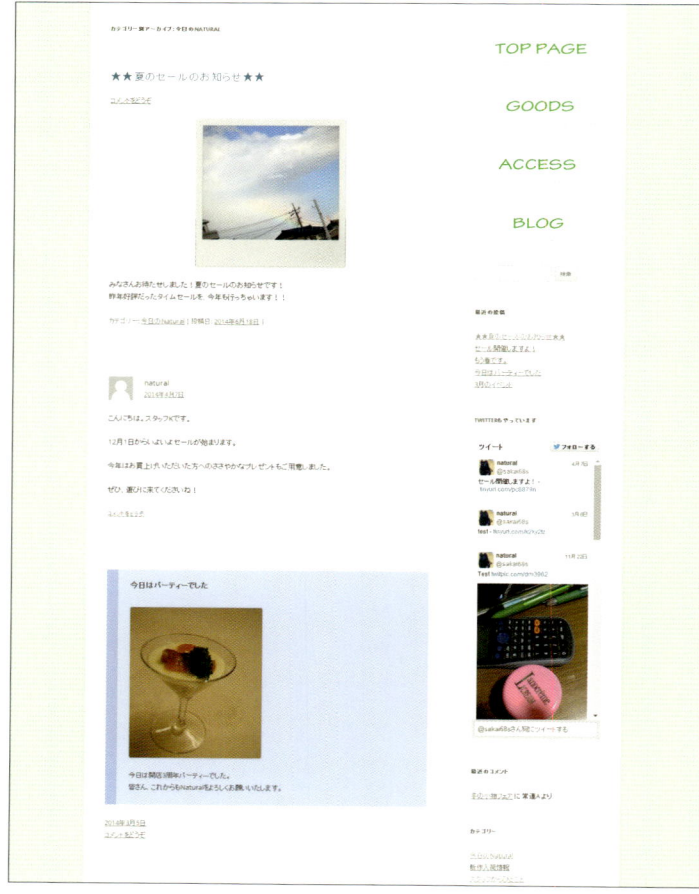

**Hint いろいろな投稿機能**

WordPressでは、カテゴリーを設定して投稿記事を分類したり、特定の日時に予約公開をしたりなど、いろいろな投稿の機能を使うことができます。詳しくは第7章を参照してください。

## 2 ウェブサイトを作成する

WordPressでは「固定ページ」という機能を使うと、ひとつの独立したページを作ることができます。トップページや会社情報ページなどのウェブサイトに必要なページを作成して、それぞれをトップページにつなげることで、ひとつのウェブサイトを作ることができます。

### トップページ

### 地図のページ

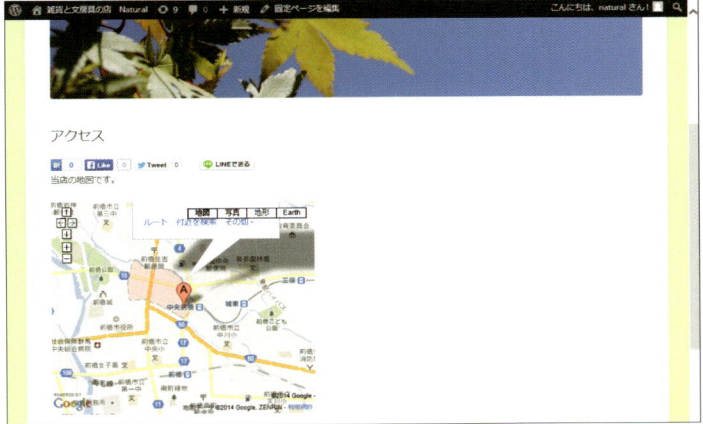

### アルバムのページ

**Memo　WordPressでウェブサイトを作る流れ**

本書では主に、WordPressを使ってウェブサイトを作る流れを解説します。WordPressの導入後の主な流れは以下の通りです。

① サイトのデザインを決める。
　（第3章参照）
② トップページを作る。
　（第4章参照）
③ サイトに必要なページを作る。
　（第5章参照）
④ サイトに便利な機能を追加する。
　（第6章参照）

**Hint　ウェブサイトのイメージを考える**

自分がどのようなウェブサイトを作りたいかというイメージは、あらかじめ考えておくとよいでしょう。そこからサイト全体のデザインを決めたり、必要なページを作ったりしていきます。

# Section 03 WordPressを使うには

WordPressを使うためには、まずドメインを取得し、その後、サーバーを借りるという手順を踏む必要があります。多くのレンタルサーバーには、WordPressを自動でインストールできる機能が用意されているので、サーバーを借りた後は簡単な操作で使い始めることができます。

**覚えておきたいキーワード**
- ドメイン
- サーバー
- インストール

## 1 WordPressを使い始めるまでの手順

**Memo　WordPress利用開始の流れ**

WordPressを使ってサイトを運営するためには、最初に「ドメイン」と「サーバー」を用意して、その後、サーバーにWordPressをインストールする必要があります。これらはいずれも簡単な操作で設定が可能なサービスが用意されており、初心者でも簡単に、比較的低価格でサイト運営をすることが可能です。

WordPressを利用するには、以下のような手順を踏む必要があります。

❶ ドメインを取得する（Sec.04参照）

↓

❷ サーバーをレンタルする（Sec.05参照）

↓

❸ WordPressをインストールする（Sec.06参照）

❶ ドメインを取得する

いろいろなドメイン取得サービスがあるので、好きなものを選びましょう。

**Keyword　ドメイン**

ドメインとは、インターネット上の住所のようなもので、URLの「http://www.」以降に入る文字列のことです。ドメインには任意のものを設定することが可能で、会社名や店舗名を使用することで、URLが分かりやすいものになります。

❷ サーバーをレンタルする

サーバーの容量などで、レンタル料金が異なります。

多くのレンタルサーバーには、WordPressを自動でインストールする機能が用意されています。

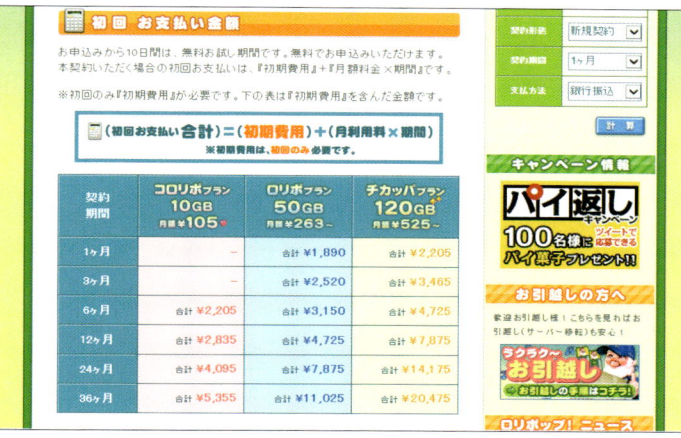

❸ WordPressをインストールする

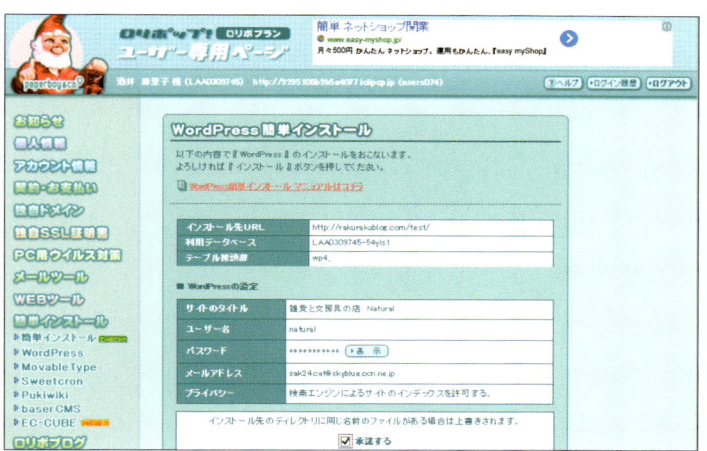

### Keyword サーバー

WordPressを使ってサイトを運営するためには、インターネット上の土地のようなものにあたるサーバーを確保する必要があります。サーバーのレンタルサービスは数多くありますが、WordPressでのサイト運営をするのであれば、初期設定の必要がない自動インストールに対応したサービスを利用するのがおすすめです。

### Memo WordPressのインストール

WordPressを利用するためには、レンタルしたサーバーにWordPressをインストールする必要があります。本書では、サーバーに付属している、WordPressを自動インストールする機能を使ってかんたんにインストールする方法を解説します。

# Section 04 ドメインを取得しよう

**覚えておきたいキーワード**
▶ ドメイン
▶ 取得
▶ 登録

WordPressを使ってサイトを作るために、まずはドメインを取得しましょう。ドメインとはインターネット上の住所のようなもので、任意のものを設定することができます。ドメイン取得サービスは数多くありますが、ここでは「ムームードメイン」というサービスを使って操作手順を説明します。

## 1 ドメインを取得する

**Memo ドメインの末尾を指定する**

手順①の画面で、ドメインの末尾を変更したい場合は、▼をクリックして選択してください。

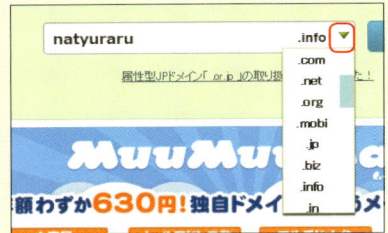

1 ムームードメイン（http://muumuu-domain.com/）にアクセスし、

2 検索ウィンドウに取得したいドメインを入力して、

3 ＜検索＞をクリックします。

4 使用したいドメインの＜○＞をクリックします。

**Memo 使用可能なドメイン**

手順④では、使用可能なドメインには○、すでに使用されているドメインには×が表示されます。その左に表示されている価格は、それぞれのドメインの年間使用料を表しています。○の表示されたドメインの中から、使いたいものを選択してクリックしてください。

**5** <新規登録>をクリックします。

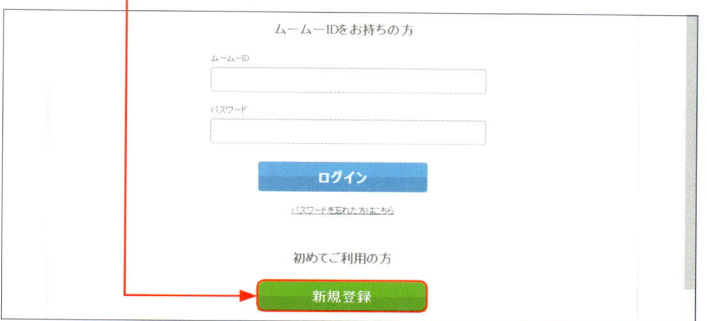

**6** 任意のIDとパスワードを入力し、

**7** 名前や性別などを入力して、

**8** 画面を下にスクロールします。

**9** 住所などの情報も入力して、

**10** <内容確認へ>をクリックします。

### Memo パスワードの決め方

手順**6**で設定するパスワードには、8文字以上で半角の英字、数字、記号のうち2種類以上を組み合わせたものを使用します。パスワード入力ウィンドウの下に安全性を示すバーが表示されるので、それが「良好」以上になるように設定しましょう。

### Memo エラーの項目

入力に不備がある場合、その欄には赤い文字で修正すべき内容が表示されます。該当する項目を修正後、再度<内容確認へ>をクリックしてください。

## !Hint 内容を修正する

登録内容を修正したい場合は手順⓭の画面で、＜ユーザー登録＞ボタンの下にある＜入力した内容を修正する＞をクリックすると、入力画面に戻ることができます。

## Memo ドメイン設定方法

手順⓮の画面で、「WHOIS公開情報」と「ネームサーバ(DNS)」は、画面のように、それぞれ＜弊社の情報を代理公開する＞と＜ムームーDNS＞を設定しておきましょう。

## Memo 支払い方法の種類

ムームードメインの支払方法は、銀行振り込み、コンビニ決済、クレジットカードおよび電子決済サービスの「おさいぽ!」から選択することができます。

**11** 入力内容を確認し、

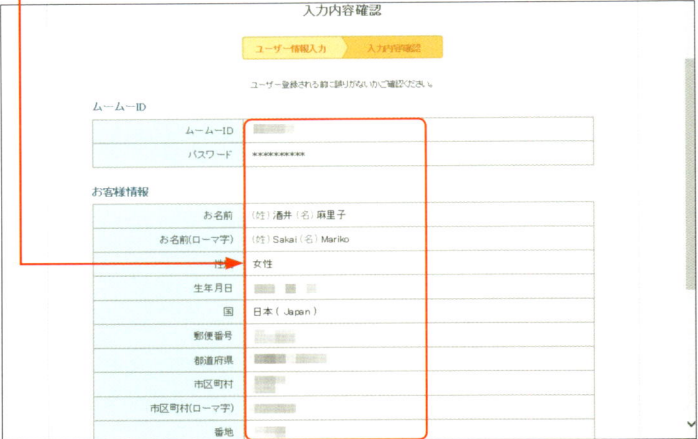

**12** 画面を下にスクロールします。

**13** ＜ユーザー登録＞をクリックします。

**14** ドメイン設定や支払方法を選択して、

**15** 画面を下にスクロールします。

## 16 ＜内容確認へ＞をクリックします。

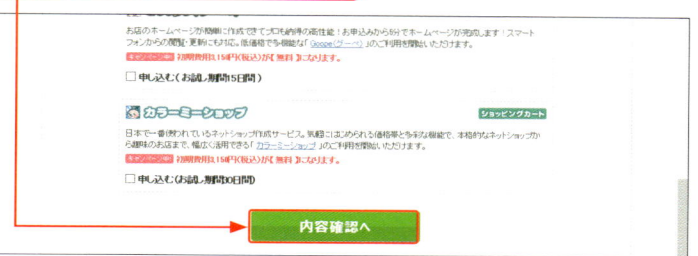

## 17 ＜この内容で申し込む＞をクリックします。

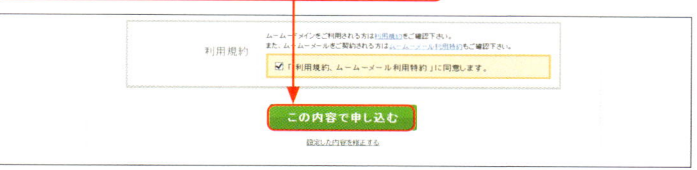

## 18 登録したメールアドレス宛に届いたメールを開き、

## 19 メールに書かれたURLをクリックします。

## 20 P.19手順6で設定したIDとパスワードを入力し、

## 21 ＜ログイン＞をクリックします。

---

### Memo 「おさいぽ！」を使うには？

支払い方法に「おさいぽ！」を選択した場合、「おさいぽ！」への登録が必要になります。画面の手順にしたがって登録してください。

### Hint パスワードを忘れた場合

パスワードを忘れてしまった場合は、ログイン画面の下にある＜パスワード再設定＞からIDとメールアドレスを入力して再設定を行ってください。

# Section 05 サーバーをレンタルしよう

**覚えておきたいキーワード**
- サーバー
- ドメイン
- アカウント

ドメインを取得したら、次にサーバーをレンタルします。レンタルサーバーのサービスはドメイン取得サービスと連携していることが多いので、それらをセットで利用するのが便利でしょう。ここでは、ムームードメインと連携しているロリポップというサービスを利用する手順を説明します。

## 1 サーバーをレンタルする

**Hint ムームードメインにログインしていない場合**

ムームードメインにログインしていないときは、手順 1 の場所に＜ログイン＞ボタンが表示されています。ボタンをクリックして、ID およびパスワードを入力してログインしてから操作を行ってください。

ムームードメインのトップページを表示しています。

1 画面右上の歯車ボタンにカーソルを合わせて、

2 ＜コントロールパネル＞をクリックします。

3 画面を下にスクロールして、

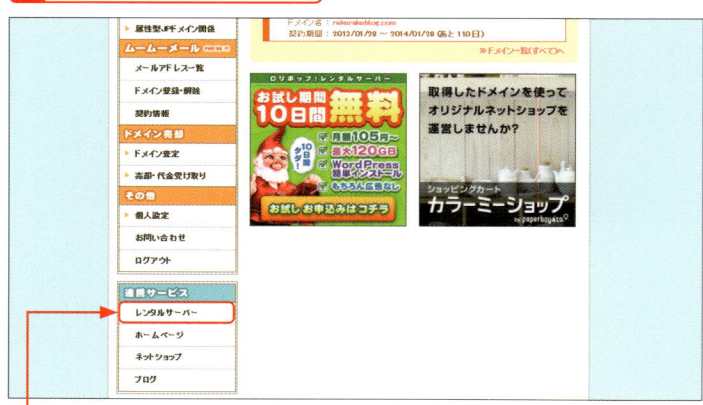

4 ＜連携サービス＞の＜レンタルサーバー＞をクリックします。

**Memo 連携サービスの利用**

ロリポップは、ムームードメインと連携したレンタルサーバーのサービスです。これを利用することによって基本情報の登録などを省略してかんたんに使い始めることができます。

**5** <簡単お申し込みへ>をクリックします。

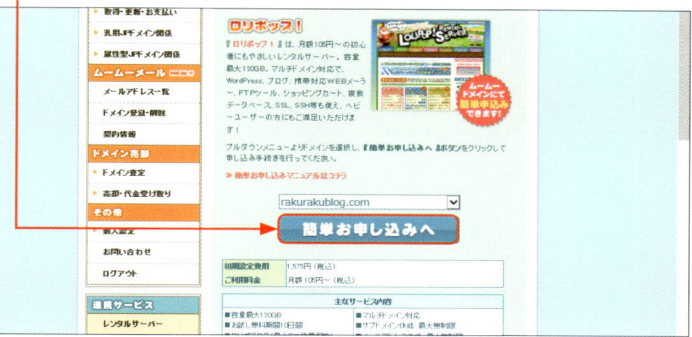

**6** 「プラン選択」の申し込みたいプランをクリックして、

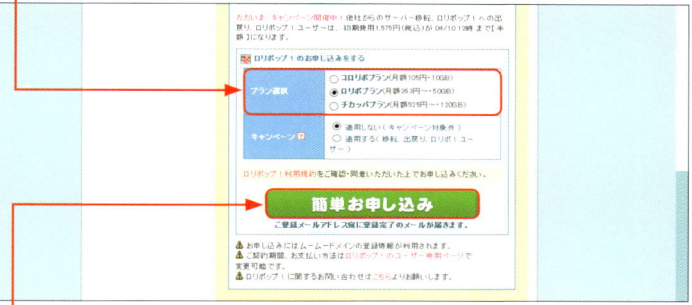

**7** <簡単お申し込み>をクリックします。

**8** <OK>をクリックします。

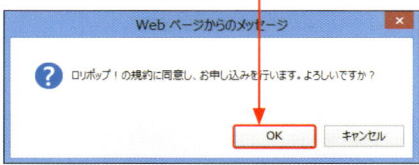

**9** 申込みが完了します。

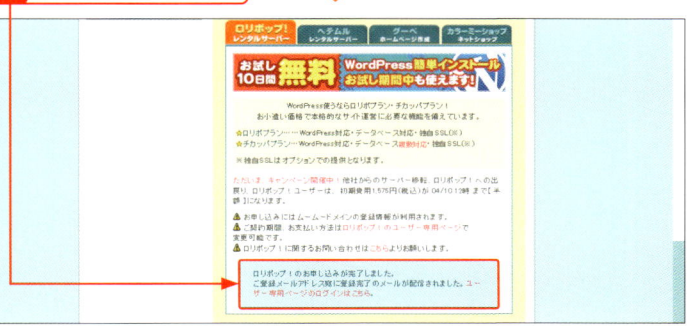

### Memo ロリポップのプラン

ロリポップには、月額料金の異なる3つのプランが用意されています。これらのプランは、使用できる容量やサービスが異なります。WordPressを使用する場合は、WordPressの自動インストール機能が使用できる「ロリポプラン」か「チカッパプラン」を選びましょう。

### Memo ログインに必要な情報

アカウント、ドメインおよびパスワードは確認メールに記載されています。今後もログイン時に必要となるものなので、大切に保管してください。

## Memo ユーザー専用ページ

手順11をクリックして表示される、ロリポップのユーザー専用ページは、サーバーに関するいろいろな設定を行うことができるページです。ブックマークしておくとよいでしょう。

---

**10** 申し込みが完了すると、登録したメールアドレスにメールが届きます。

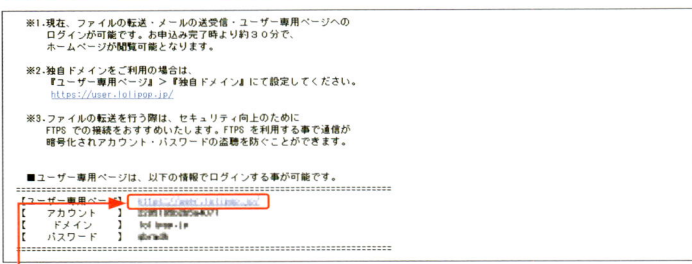

**11** 確認メールに記載された「ユーザー専用ページ」のURLをクリックします。

**12** ＜独自ドメイン＞をクリックして、

**13** Sec.04で登録したドメインを入力し、

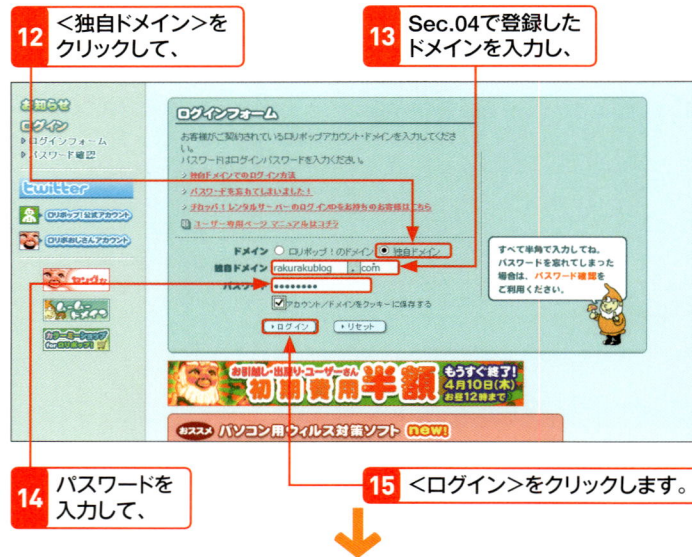

**14** パスワードを入力して、

**15** ＜ログイン＞をクリックします。

**16** ロリポップ！のユーザー専用ページが表示されます。

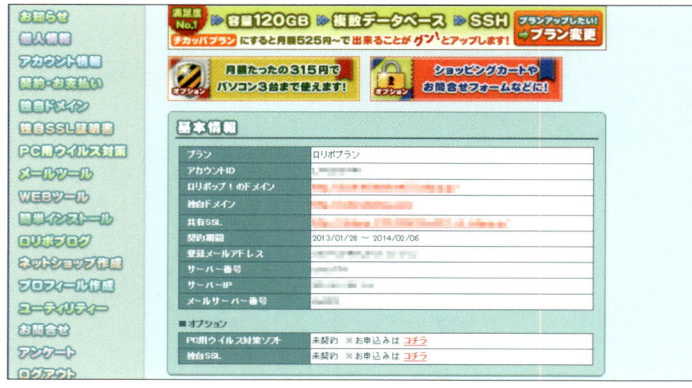

## Memo ユーザー専用ページでできること

手順16の画面では、アカウント情報の変更や、サーバー利用料の支払いなどを行うことができます。また、WordPressの自動インストールも、このページから行います。

## 2 その他のレンタルサーバー

### お名前.comレンタルサーバー（http://www.onamae.com/）

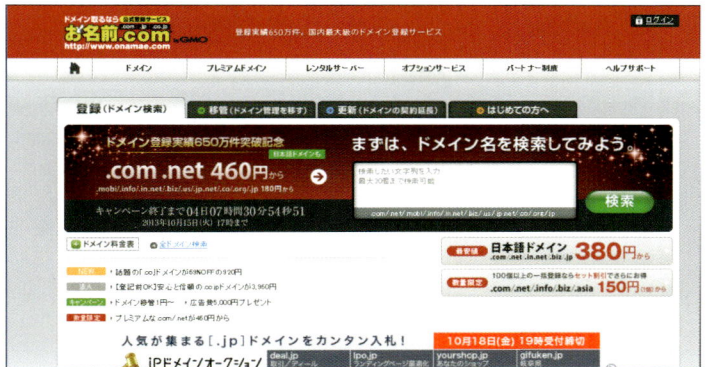

お名前.comによるWordPressの自動インストールに対応したサーバーです。初期費用無料などのキャンペーンが多く、電話サポートは24時間無料で利用できます。ドメイン取得サービスの「お名前.com」と連携しています。

### さくらインターネット（http://www.sakura.ne.jp/）

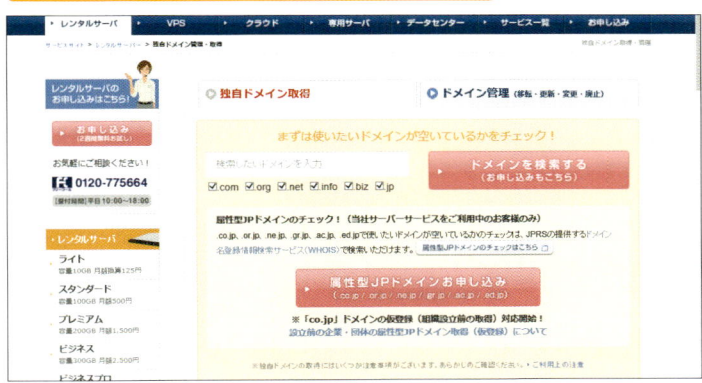

ロリポップと同様に、低価格で簡単に利用できるレンタルサーバーです。WordPressの自動インストールは月額500円の「スタンダード」プランから利用可能です。ドメインを取得することもできます。

### ミニバード（http://www.minibird.jp/）

WordPressのインストール機能を備えたレンタルサーバーで、契約期間は3か月、6か月、12か月の3種類から選択が可能です。Q&A掲示板や初心者向けの解説ページが充実しています。ドメイン取得サービスの「スタードメイン」と連携しています。

# Section 06 WordPressをサーバーに自動インストールしよう

覚えておきたいキーワード
▶ インストール
▶ 簡単インストール
▶ 管理者ページ

ロリポップでは、WordPress を自動でインストールできる機能が用意されています。これによって難しい初期設定をすることなく、すぐに WordPress でのサイト運営を始めることができます。なお、1 つのサーバーで複数の WordPress サイトを運営することも可能です。

## 1 WordPressをインストールする

**Hint その他のレンタルサーバー**
ロリポップ以外のレンタルサーバーを使用した場合でも、同様にしてWordPressの自動インストールができます。各サイトの説明に従って操作してください。

ロリポップのトップページを表示しています。

**1** 画面右上の<ログイン>にカーソルを合わせて、

**2** <ユーザー専用ページ>をクリックします。

**3** <独自ドメイン>を選択して、

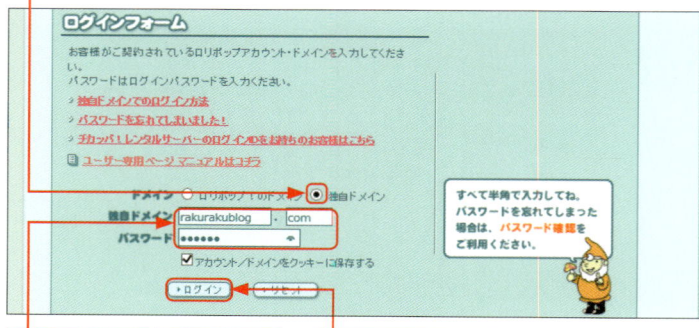

**Memo アカウントとドメインの保存**
手順3の画面で<アカウント/ドメインをクッキーに保存する>にチェックを入れると、次回からはこれらの項目が自動的に入力されるようになります。

**4** ドメインとパスワードを入力して、

**5** <ログイン>をクリックします。

**6** ＜簡単インストール＞をクリックします。

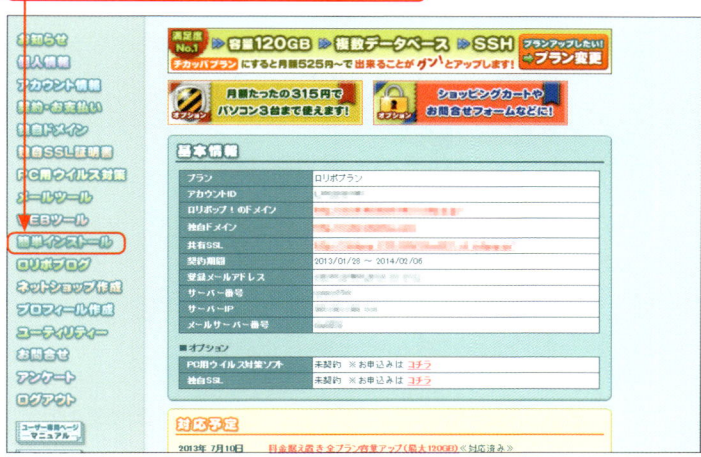

**7** 一覧から「WordPress」の＜利用する＞をクリックします。

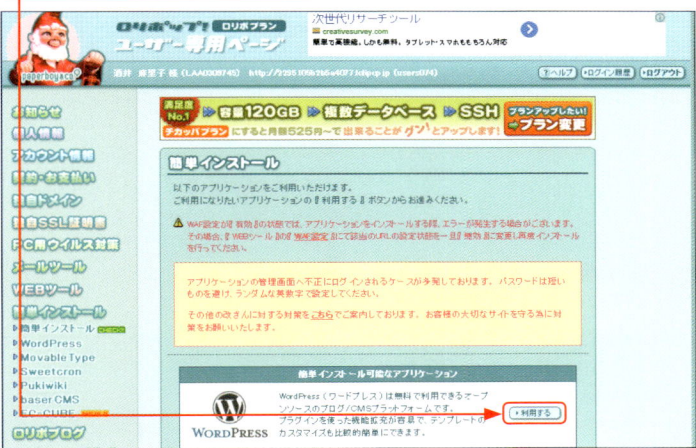

**8** サイトのタイトルとユーザー名を入力し、

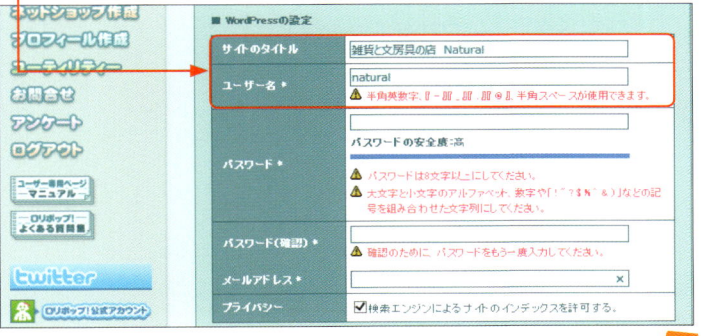

> **Step up** 簡単インストール以外の方法
>
> ここでは、サーバーの機能を使って自動でWordPressをインストールする方法を解説していますが、手動でインストールすることも可能です。詳しくは、付録01を参照してください。

> **Memo** サイト名は変更が可能
>
> 手順8でここで登録するサイト名は、あとから変更することが可能です。なお、ユーザー名は一度設定すると変更はできませんが、サイト上に表示するニックネームとして別の名前を設定することが可能です。

## Memo ユーザー名とパスワード

手順❽、❾の画面で設定するユーザー名とパスワードは、WordPressにログインする際に使用する重要な情報です。必ず控えておきましょう。

**9** 設定したいパスワードおよびWordPressから連絡を受け取るメールアドレスを入力して、

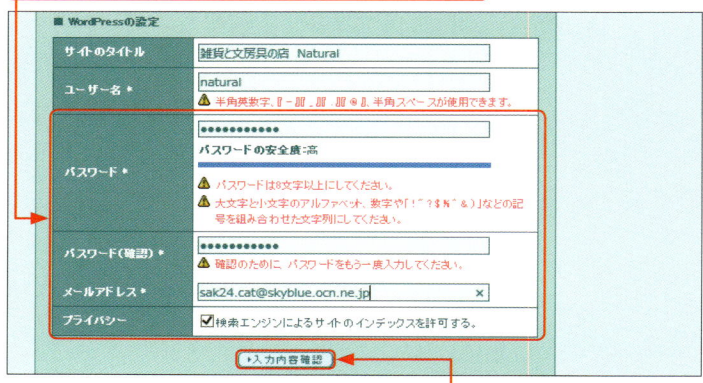

**10** ＜入力内容確認＞をクリックします。

**11** 設定内容を確認し、

## Memo 設定内容を修正する場合

修正したい項目がある場合には、手順⑪の画面で＜戻る＞ボタンをクリックすることで入力画面に戻ることができます。

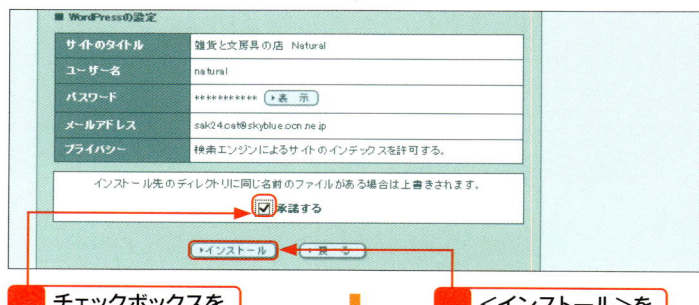

**12** チェックボックスをクリックして、

**13** ＜インストール＞をクリックします。

**14** 「管理者ページURL」に表示されたURLをクリックします。

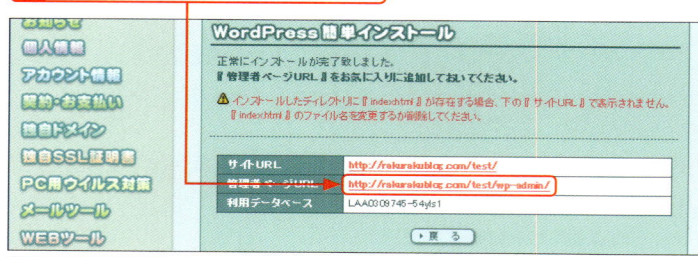

**15** WordPressがインストールされ、ログイン画面が表示されました。

## Memo 管理者ページURL

手順⑭で表示される管理者ページURLは、今後もサイトの管理画面にログインする時に必要となるので、手順⑮のサイトをブックマークやお気に入りへ登録しておくと便利です。

第 2 章

# WordPressの基本設定をしよう

Section 07 ▶ WordPressにログインしよう
Section 08 ▶ 管理画面（ダッシュボード）の見方を知ろう
Section 09 ▶ サイト名とキャッチフレーズを設定しよう
Section 10 ▶ 日付と時刻の設定をしよう
Section 11 ▶ パーマリンクの設定をしよう
Section 12 ▶ サイトを表示しよう

# Section 07 WordPressにログインしよう

**覚えておきたいキーワード**
- ログイン
- ユーザー名
- パスワード

サーバーに WordPress をインストールしたら、Sec.06 で設定したユーザー名とパスワードを使って WordPress サイトにログインします。もし、パスワードが分からなくなってしまった時には、登録したメールアドレスを使って再設定することができます。

## 1 WordPressにログインする

### Hint ログイン状態を保存する

手順 **1** の画面で＜ログイン状態を保存する＞にチェックを入れると、次回からは手順 **1**〜**2** の操作を飛ばして、ダッシュボードを表示することができます。

### Memo パスワードを忘れた場合

パスワードを忘れた場合は、手順 **1** の画面で＜パスワードをお忘れですか?＞をクリックし、登録したユーザー名またはメールアドレスなどを入力し、＜新しいパスワードを取得＞をクリックします。その後、新しいパスワードを作成するためのリンクが載ったメールが届きます。そのリンクをクリックし、手順にしたがって新しいパスワードを設定します。

**1** P.28を参照して、WordPressの＜管理者ページ＞を表示します。

**2** ユーザー名を入力して、

**3** パスワードを入力し、

**4** ＜ログイン＞をクリックします。

**5** WordPressにログインし、ダッシュボードが表示できました。

## 2 WordPressからログアウトする

左ページの方法でWordPressにログインして、ダッシュボードを表示しています。

**1** <こんにちは、●●さん!>の上にカーソルを合わせて、

**2** <ログアウト>をクリックします。

**3** WordPressからログアウトできました。

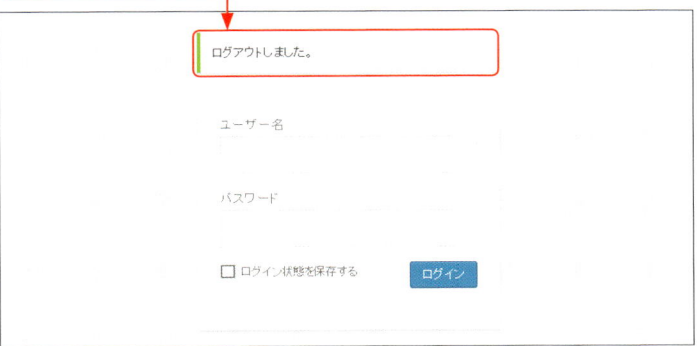

### Memo ログアウトして安全性を高める

共有パソコンを使っている場合などは、使用後はWordPressからログアウトしましょう。知らない人に、勝手にサイトを操作される心配がなくなります。

### Hint ログイン画面をブックマークし忘れた場合

ログイン画面をブックマークしていない場合は、P.28でWordPressに登録完了した際に届いたメールにあるURLをクリックして、ログイン画面にアクセスします。

# Section 08 管理画面（ダッシュボード）の見方を知ろう

**覚えておきたいキーワード**
- ダッシュボード
- メニュー
- プラグイン

ダッシュボードとは、WordPress のさまざまな設定をおこなうための管理画面のことです。ここからデザインを変更したり、新しい記事を投稿したりといった操作をすることでサイトを作ることができます。ここでは、ダッシュボードの構成と、メニューの使い方を解説します。

## 1 ダッシュボードの基本構成

サイト名をクリックすると、サイトを表示することができます。

プロフィール編集やログアウトができます。

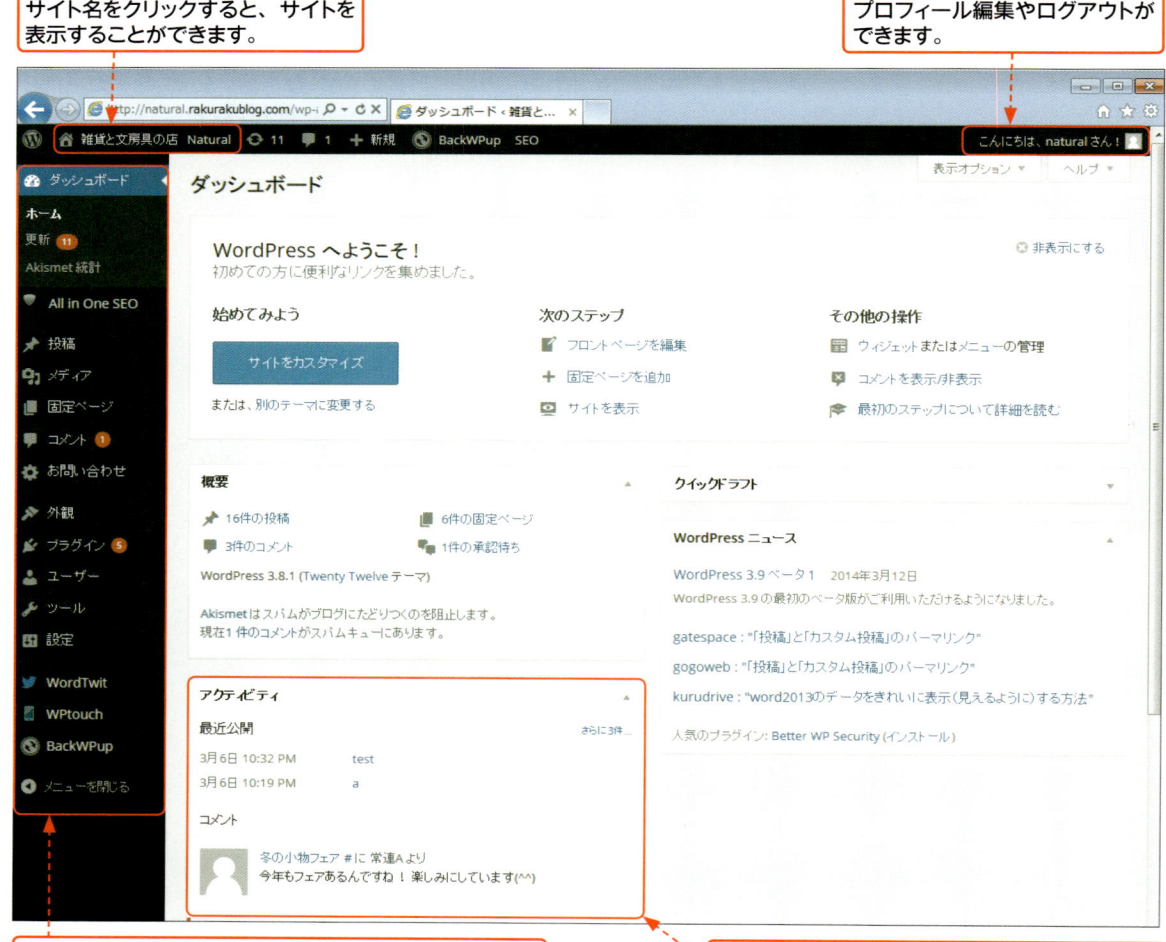

メニューをクリックすることで、「投稿」や「設定」などの操作をすることができます。

最近のアクティビティが表示されます。公開した記事や、付いたコメントなどを確認できます。

## 2 メニューから画面を切り替える

ダッシュボードを表示しています。

**1** 表示したいメニュー（ここでは＜投稿＞）の上にカーソルを合わせ、

**2** 使用したい機能（ここでは＜新規追加＞）をクリックします。

**3** 「新規投稿を追加」画面が表示されました。

**4** ダッシュボードに戻るときは、＜ダッシュボード＞をクリックします。

**5** ダッシュボードに戻りました。

### Hint 詳細なメニューを表示する

それぞれのメニューには、そのメニューの下にさらに詳細なメニューがいくつか付属しています。メニューをクリックするか、メニューの上にカーソルを合わせると、詳細なメニューを表示することができます。たとえば手順①では、＜投稿＞メニューの中のメニュー＜新規追加＞を選択しています。

### Memo プラグインのメニュー

ダッシュボードのメニュー部分には、プラグイン（第6章参照）の設定メニューが表示されることがあります。

# Section 09 サイト名とキャッチフレーズを設定しよう

**覚えておきたいキーワード**
- ▶ サイト名
- ▶ キャッチフレーズ
- ▶ 設定

サイト名とキャッチフレーズは、ウェブサイトのトップ部分に表示されるテキストです。サイト名やキャッチフレーズは、検索の対象になるだけでなくサイト全体のイメージに関わるので、サイトの内容がすぐに分かり、訪問者が詳しい情報を見たいと思えるような言葉を選びましょう。

## 1 サイト名とキャッチフレーズを入力する

**Keyword サイトのタイトル**

サイトのタイトルは、サイトの上部に表示されるサイトの名前です。ただし、テーマやレイアウトの設定によっては、タイトルが違う部分に表示されたり、表示されないこともあります。

ダッシュボードを表示しています。

**1** ダッシュボードの<設定>にカーソルを合わせ、

**2** <一般>をクリックします。

**3** <サイトのタイトル>を入力し、

**4** 「キャッチフレーズ」を入力します。

**Keyword キャッチフレーズ**

キャッチフレーズとは、サイトのタイトルの下に表示される文章のことです。キャッチフレーズも、テーマや設定によっては表示されないことがあります。サイトの内容やアピールポイントなどを書いておくとよいでしょう。なお、このキャッチフレーズは、Googleなどの検索結果にも表示されます。

**5** 画面を下にスクロールし、

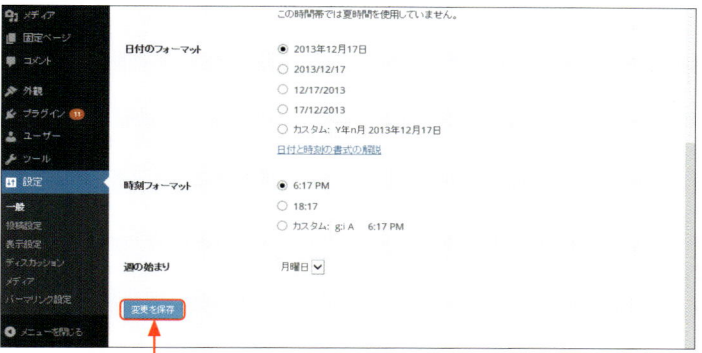

**6** ＜変更を保存＞をクリックすると、サイト名とキャッチフレーズが保存されます。

> **Hint** サイトタイトルとキャッチフレーズを非表示にする
>
> サイト名もキャッチフレーズも表示したくないときは、＜外観＞メニューから設定することができます。P.47の手順3の画面で、＜サイトタイトルとキャッチフレーズ＞をクリックして、＜ヘッダーテキストを表示する＞にチェックを外して保存すると、サイトタイトルやキャッチフレーズが表示されなくなります。

## 2 変更を確認する

上記の手順の続きです。

**1** 画面左上のサイト名にカーソルを合わせ、

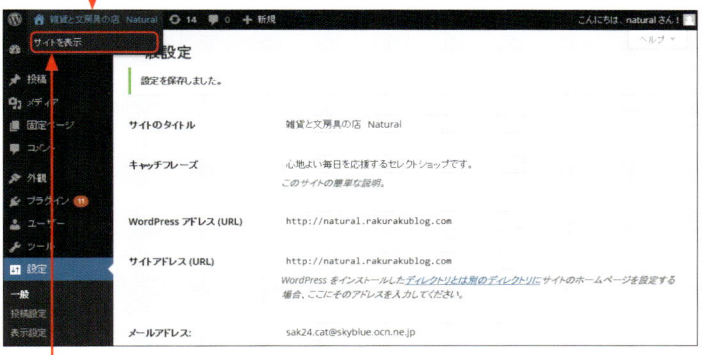

**2** ＜サイトを表示＞をクリックします。

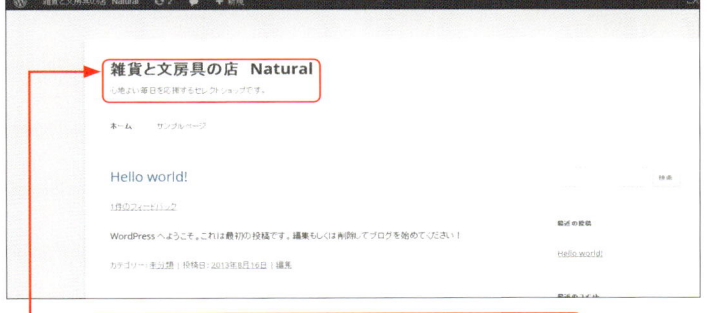

**3** 設定したサイト名とキャッチコピーが反映されています。

> **Memo** 「一般設定」画面でできること
>
> P.34手順3の画面では、サイトタイトルなどの設定だけでなく、WordPressのアカウント全般についての設定をすることができます。登録したメールアドレスなどに変更がある場合は、この画面から登録アドレスを変更することができます。

# Section 10 日付と時刻の設定をしよう

**覚えておきたいキーワード**
- 日付
- 時刻
- カスタム

WordPress で作成した投稿やページには、投稿日時が表示されます。初期設定では日本語の日付形式と 12 時間表示の時刻が使われていますが、これは変更することが可能です。あらかじめ用意された候補の中から選ぶだけでなく、自分で表示形式を設定することもできます。

## 1 日付と時刻の表示形式を選択する

**Memo 日付と時刻の表示設定をする**

ここでは、投稿や作成したページに表示される日時の表示方法を設定しています。既定の表示方法に加え、自分で表示方法をカスタマイズすることもできます。なお、この設定は行わなくても操作に問題はありません。

ダッシュボードを表示しています。

**1** <設定>にカーソルを合わせ、

**2** <一般>をクリックします。

**3** 日付と時刻の表示方法を選択して、

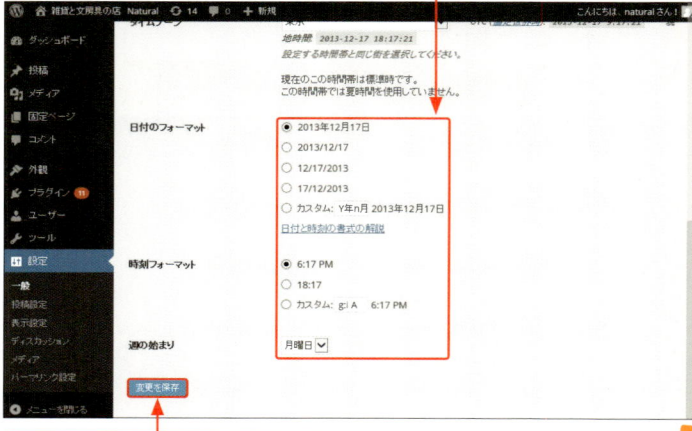

**4** <変更を保存>をクリックします。

**Hint 週の始まりを変更する**

手順 3 の画面の<週の始まり>の設定は、カレンダーのウィジェット(Sec.35参照)を使用する際の表示方法を決めるための設定です。

**5** 日付と時刻の表示方法が変更されました。

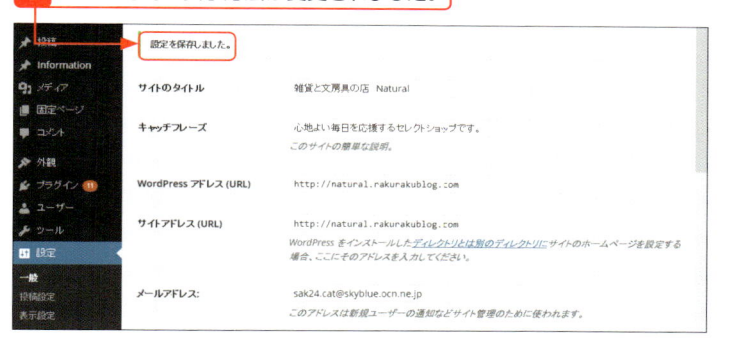

## Memo 設定した表示形式の反映

設定した日付表示は、各投稿の下部に反映されます。また、この日付の上にカーソルを合わせることで時刻も表示されます。

## 2 日付表示をカスタマイズする

P.36手順**3**の画面を表示しています。

**1**「日付のフォーマット」で<カスタム>を選択して、

**2** 表示形式を入力し、

**3** <変更を保存>をクリックします。

**4** カスタム表示の日付が設定されました。

## Memo 日付の書式設定

日付の表示をカスタマイズする場合には、以下のアルファベットと、「日」「月」などの文字あるいはカンマやスラッシュを組み合わせて使用してください。

### 日付の書式設定

| 書式 | 意味 | 表示例<br>（2014年2月1日の場合） |
| --- | --- | --- |
| m | 月を先頭にゼロをつけて表示 | 02 |
| n | 月を先頭にゼロをつけずに表示 | 2 |
| d | 日を先頭にゼロをつけて表示 | 01 |
| j | 日を先頭にゼロをつけずに表示 | 1 |
| Y | 西暦を4桁で表示 | 2014 |
| y | 西暦を2桁で表示 | 14 |

## Section 11 パーマリンクの設定をしよう

WordPressで作成した記事やページには、それぞれ固有のURLが付きます。このURLをどのようなルールで表記するかを決めるのがパーマリンクの設定となります。この設定をすることで、サイトやページが検索エンジンにヒットしやすくなるので、あらかじめ設定をしておきましょう。

**覚えておきたいキーワード**
- パーマリンク
- URL
- 投稿名

### 1 パーマリンクの表示方法を選択する

**Keyword パーマリンク**

パーマリンクとは、それぞれのページにつけられる固有のURLのことです。パーマリンクには、年月日やカテゴリーなどを組み合わせたものを使用することができます。初期設定ではURLに「?」が含まれる設定となっており、これは検索エンジンにヒットしにくいと考えられています。

ダッシュボードを表示しています。

1. <設定>にカーソルを合わせ、

2. <パーマリンク設定>をクリックします。

3. 表示形式（ここでは日付と投稿名）を選択して、

4. <変更を保存>をクリックします。

**Hint パーマリンクを最初に設定する理由**

サイトにたくさんのページや記事を作ってしまってからパーマリンクを設定すると、多くのページのURLが変わることになり、リンク切れ等の不具合が起きる可能性が出てきます。パーマリンクは最初に設定して、それからサイトを作成していきましょう。

**5** パーマリンクが設定されました。

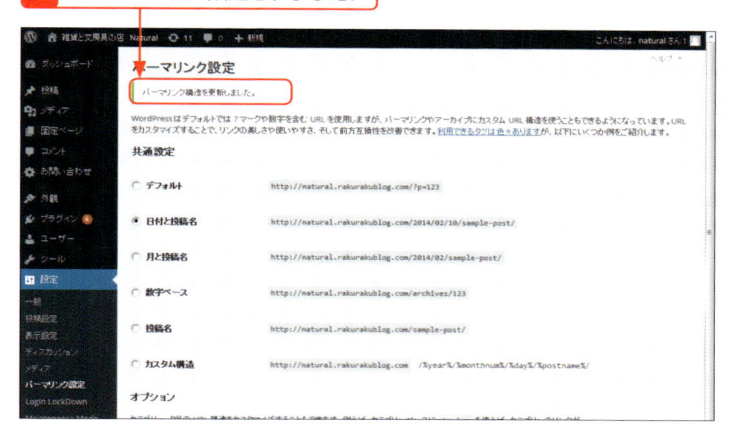

## Memo パーマリンクの種類

パーマリンクは、初期設定されている「デフォルト」以外に、年月日と投稿名を組み合わせたものや、数字を自動的に組み合わせるものがあります。なお、パーマリンクに投稿名が含まれる場合、ページ(または投稿)タイトルの欄に入力した文字列が自主的に適応されます。

## Memo パーマリンクを変更する

パーマリンクの設定の確認は、投稿や固定ページの作成画面から行うことができます。投稿または固定ページの作成画面で、投稿(ページ)のタイトルを入力すると、その下にパーマリンクが表示されます。なお、パーマリンクに投稿(ページ)のタイトルが含まれるように設定した場合は、パーマリンクのタイトル部分を編集することもできます。日本語のタイトルはリンクに正しく反映されないこともあるので、以下のように自分で任意の文字列に書きかえることをおすすめします。

P.70の方法で「新規固定ページを追加」画面を表示しています。

**1** タイトルを入力し、

**2** 本文の入力欄をクリックすると、

**3** パーマリンクが表示されます。

**4** <編集>をクリックします。

**5** 任意の文字列に書きかえ、

**6** <OK>をクリックします。

**7** パーマリンクが書きかえられました。

Section 12

# サイトを表示しよう

覚えておきたいキーワード
▶ URL
▶ サイト名
▶ 表示

WordPress の基本設定が終了したら、サイトが正しく表示されるかどうかを確認しましょう。ダッシュボードは管理者のためのページなので、サイトを他人に紹介するときには、ダッシュボードの URL ではなく、サイトの URL を伝えるように注意してください。

## 1 ダッシュボードからサイトを表示する

**Memo ダッシュボードからのサイトの表示**

ダッシュボード上部からサイトを表示させる方法は、設定の変更を行ったときに、その結果を確認する場合などにも便利です。

ダッシュボードを表示しています。

1 画面左上のサイト名をクリックします。

↓

2 サイトが表示されました。

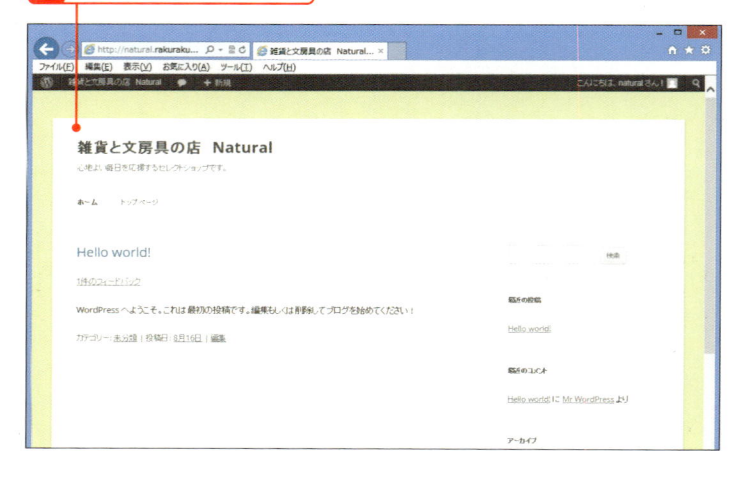

**Memo サイトの URL**

サイトの URL は、右の方法でサイトを表示させたときにウェブブラウザのアドレスバーに表示されているものになります。また、「一般設定」画面 (P.34 参照) の「WordPress アドレス (URL)」の部分でも確認することができます。

第 3 章

# テーマを決めよう

Section 13 ● WordPressのテーマとは
Section 14 ● WordPress公式のテーマを設定しよう
Section 15 ● ダッシュボードからテーマを探そう
Section 16 ● 無料のテーマを使ってカスタマイズしよう
Section 17 ● 公式テーマと便利なテーマの紹介

Section
# 13 WordPressのテーマとは

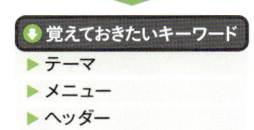

> 覚えておきたいキーワード
> ▶ テーマ
> ▶ メニュー
> ▶ ヘッダー

WordPressには、サイト全体のデザインのテンプレートとなる「テーマ」が多数用意されおり、自由に切り替えて使用することができます。自分の作りたいサイトのイメージに合ったテーマを選ぶことで、特別な知識がなくてもデザイン性の高いサイトを作成することが可能です。

## 1 テーマとは

WordPressでは、テーマを選ぶだけでかんたんにサイトのデザインを変更することができます。テーマはWordPressに元から用意されている公式テーマや、インターネット上で配布されているものなど、たくさんのバリエーションがあります。

WordPressで使うことができるいろいろなテーマ

上記の4つの画面は、全て同じウェブサイトのまま、テーマのみを切り替えたものになります。

第3章 テーマを決めよう

## 2 テーマの構成

テーマはいろいろな要素から構成されています。
なお、テーマによっては独自の要素を持っているものもあります。

- サイトタイトルとキャッチフレーズ
- メニュー
- ヘッダー画像
- 背景
- サイドバー

### Keyword メニュー

メニューには、ウェブサイトの各ページへのリンクが表示されます。詳しくはSec.28を参照してください。

### Keyword サイドバー

サイドバーには、「ウィジェット」という機能を利用して便利な機能を追加できます。詳しくはSec.35を参照してください。なお、サイドバーを表示しないように設定することも可能です。

### Keyword 背景

背景には、好きな色や画像を設定することができます。背景にあたる部分はテーマによって異なります。詳しくはSec.14を参照してください。

Section 14

# WordPress公式の
# テーマを設定しよう

**覚えておきたいキーワード**
▶ 公式テーマ
▶ 外観
▶ ヘッダー画像

WordPressには、あらかじめ用意されている公式テーマがあり、いろいろな用途に合わせた機能やレイアウトを備えたテーマが揃っています。ここでは、シンプルでカスタマイズしやすい公式テーマ「Twenty Twelve」を使ったカスタマイズ方法を解説します。

## 1 テーマを適用する

**Memo WordPress公式テーマ**

WordPressには、あらかじめ用意された公式のテーマがいくつかあり、ブログ向きのものやレスポンシブデザインのものなど、自分の用途に合ったものを選ぶことができます。公式テーマは、WordPressのバージョンアップとともに新しいものが追加されていきます。

ダッシュボードを表示しています。

**1** <外観>の上にカーソルを合わせ、

**2** <テーマ>をクリックします。

**3** <Twenty Twelve>の上にカーソルを合わせ、

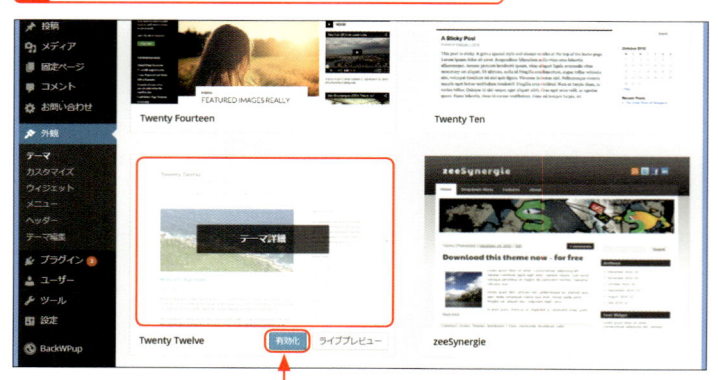

**4** <有効化>をクリックします。

**Memo テーマの使い方**

公式テーマはすでにダウンロードされているので、有効化するだけで使い始めることができます。その他のテーマの使い方についてはSec.15、Sec.16を参照してください。

## 2 ヘッダー画像を設定する

左ページの手順の続きです。

**1** ＜外観＞をクリックして、

**2** ＜ヘッダー＞をクリックします。

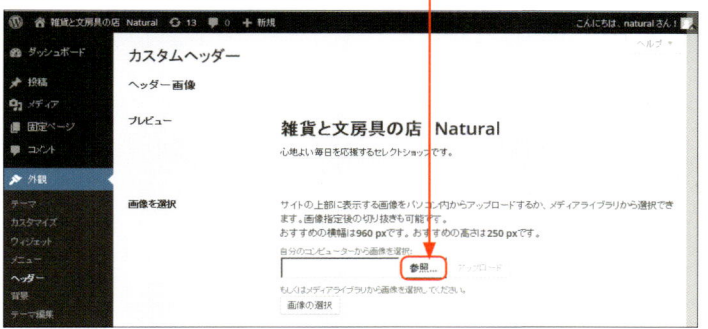

**3** ＜参照＞をクリックします。

**4** 使用する画像をクリックして、

**5** ＜開く＞をクリックします。

### !Hint ヘッダー画像のサイズ

ヘッダーのサイズは、横幅960、高さ250が推奨されてます。サイズの小さすぎる画像ではきちんと表示されない場合があるので注意してください。また、一眼レフで撮影した写真など、サイズの大きすぎる場合もアップロードできないので、サイズを縮小してから使用してください。

### !Hint ヘッダーに適した画像

ヘッダー画像は、基本的にはどのページにも表示される、ウェブサイトの顔となるような画像です。自分のサイトに合う画像を用意して使いましょう。

### 📄Memo 画像をアップロードする

WordPressで画像を使用するには、まずアップロードする必要があります。アップロードした画像は、メディアライブラリ（Sec.30参照）から見ることができます。

## Memo アップロード済みの画像を使う

メディアライブラリ(Sec.30参照)にアップロード済みの画像をヘッダー画像として使いたい場合は、手順6の画面で、<画像の選択>をクリックして画像を選択することができます。

## Memo 画像のトリミング範囲の変更

手順7の画面で、トリミングする範囲の角にカーソルを合わせると、カーソルが矢印の形に変わります。その状態でドラッグすると、範囲の大きさを変えることができます。

## Hint トリミングしないで画像を使う

選択した画像をトリミングしないでヘッダー画像に指定したい場合は、手順7の画面で、<トリミングをせず、このまま画像を公開する>をクリックします。

## Step up 作成済みのヘッダー画像

一度ヘッダー画像として設定したものは、トリミングした状態で保存されます。

---

6 <アップロード>をクリックします。

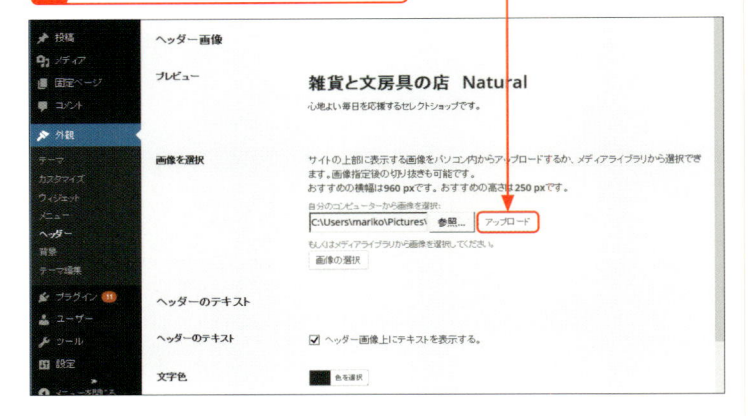

7 画面が明るくなっている部分をドラッグして位置を調整し、

8 <切り取って公開する>をクリックします。

9 画面上部に表示されるメッセージの<サイトを表示>をクリックします。

---

第3章 テーマを決めよう

46

**10** ヘッダー画像が設定されました。

## 3 文字色を設定する

ダッシュボードを表示しています。

**1** ＜外観＞をクリックして、

**2** ＜カスタマイズ＞をクリックします。

**3** ＜色＞をクリックします。

### Step up　ヘッダー画像を微調整する

ヘッダーのトリミング部分を変更したいときは、再度画像をアップロードして、トリミングを行う必要があります。

### Memo　テーマのカスタマイズ画面

手順**3**の画面では、文字色や背景などといったテーマの外観をカスタマイズすることができます。

Section 14 WordPress公式のテーマを設定しよう

第3章 テーマを決めよう

## 📄 Memo ヘッダーテキスト色

ヘッダーテキスト色とは、サイトのトップに表示されているサイトタイトルと、キャッチフレーズの部分のテキスト色を指します。

## ❗ Hint カラーパレットの変更

手順 6 でカラーパレットの右にあるバーのつまみをドラッグして動かすと、カラーパレットの彩度を変えることができます。

## ❗ Hint 変更の確認

変更中の内容は、画面右側のプレビュー画面ですぐに確認することができます。

---

**4** 「ヘッダーテキスト色」の＜色を選択＞をクリックします。

**5** 色の分類をクリックして、

**6** 使用する色の位置をクリックし、

**7** ＜保存して公開＞をクリックします。

**8** ヘッダーの文字色が変更されました。

## 4 背景色を設定する

左ページの手順の続きです。

**1** 「背景色」の<色を選択>をクリックします。

**2** 色の分類をクリックして、

**3** 使用する色の位置をクリックし、

**4** <保存して公開>をクリックします。

**5** 背景色が設定されました（右のMemo参照）。

### Memo 背景色の設定

左ページで解説した文字色と同様、背景の色も設定することができます。ただし、背景画像を設定している場合（P.50参照）はそちらが優先して表示されます。

### Memo 背景色や画像の確認

背景色や背景画像の変更は、テーマやウィンドウサイズによってはプレビュー画面からは確認できないことがあります。その場合は手順4で設定を保存した後に、<閉じる>をクリックして、Sec.12の方法でサイトを表示して確認しましょう。

## 5 背景画像を設定する

### 📄 Memo　背景画像の設定

P.49で解説した背景色と同じように、背景に画像を使用することもできます。画像の並べ方などについても設定することができます。

**1** ＜背景画像＞をクリックして、

**2** ＜画像なし＞をクリックします。

### ❗ Hint　背景に適した画像

背景画像は上下左右に繰り返して全面に敷き詰めることができるので、細かい柄などの画像を設定すると、きれいに表示されます。

**3** ＜ファイルを選択＞をクリックします。

### 📄 Memo　背景画像の表示方法

P.51手順 6 の画面では、背景画像をどのように並べるかを設定することができます。

①背景の繰り返し
・繰り返しなし…画像1枚を固定して表示します。
・タイル…上下左右に画像を繰り返し敷き詰める形です。細かい模様が繰り返されている画像などに向く設定です。
・水平方向に繰り返し…画像を水平方向に繰り返します。
・垂直方向に繰り返し…画像を垂直報告に繰り返します。

②背景の位置
背景の位置を、左揃え、中央、右揃えから選ぶことができます。背景を繰り返しなしで固定する際に重要な設定です。

③背景スクロール
・固定…画面をスクロールしても、背景は固定されたままになります。
・スクロール…画面のスクロールに合わせて、背景もスクロールします。

**4** 使用する画像をクリックして、

**5** ＜開く＞をクリックします。

**6** 背景の表示方法（P.50一番下のMemo参照）を設定して、

**7** ＜保存して公開＞をクリックすると、背景画像が設定されます（P.49一番下のMemo参照）。

## 6 テーマのカスタマイズを終了する

上記の手順の続きです。

**1** ＜閉じる＞をクリックします。

**2** ダッシュボードに戻ります。

---

> **! Hint** 背景画像を変更・削除する
>
> すでに背景画像をアップロードした状態で、画像を変更したい場合は、手順**6**の画面で、「背景画像」下の画像部分をクリックして、＜新規アップロード＞をクリックします。画像を削除する場合は、同様にして、＜画像の削除＞をクリックします。

> **Memo** 設定内容を確認する
>
> 手順**2**の画面で、ダッシュボード左上のサイト名をクリックすることで、設定内容が反映されたページを見ることができます。

Section 14 WordPress公式のテーマを設定しよう

第3章 テーマを決めよう

## Section 15 ダッシュボードからテーマを探そう

WordPressで使用するテーマは数多くリリースされており、ダッシュボードからかんたんに検索することができます。一度インストールしたテーマは保存されるため、次回からはすぐに切り替えて使用できます。テーマは無料で使えるものが多いので、気軽にいろいろなテーマを試してみましょう。

**覚えておきたいキーワード**
- インストール
- プレビュー
- テーマ

### 1 テーマを検索する

**Memo テーマをインストールする**

検索して気に入ったテーマがあれば、インストールしましょう。WordPressには、公式テーマはあらかじめインストールされていますが、それ以外のテーマは探してインストールする必要があります。

ダッシュボードを表示しています。

1 <外観>をクリックして、

2 <新規追加>をクリックします。

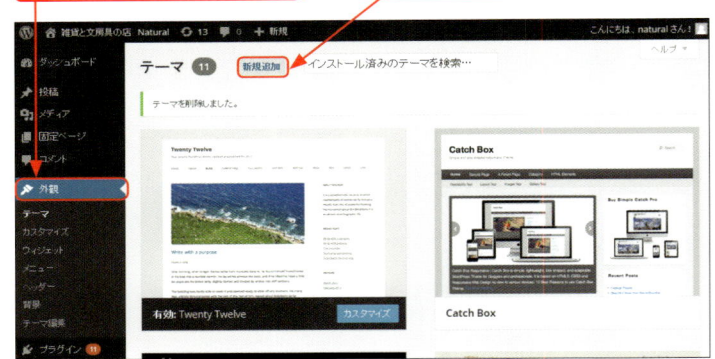

3 探したいテーマの条件にチェックを入れて、

4 <テーマを検索>をクリックします。

**Hint キーワードからテーマを探す**

手順3の画面で、画面上部の検索ウィンドウにテーマのイメージとなるキーワードを入力して<検索>をクリックすることでも、テーマを検索することができます。この時、キーワードは英語で入力してください（例：simple, businessなど）。

## 5 使用したいテーマの＜プレビュー＞をクリックします。

### Memo プレビューせずにインストールする
手順5の画面で＜いますぐインストール＞をクリックすると、プレビューを確認せずにテーマをインストールすることができます。

## 6 プレビューが表示されるので、表示を確認して、＜インストール＞をクリックします。

### Hint テーマの説明を見る
手順5の画面で＜説明＞をクリックすると、テーマの詳細な情報や説明を見ることができます。説明は英語で書かれていることが多いです。

## 7 インストールしたテーマをすぐに使いたい場合は、＜有効化＞をクリックします。

### Hint おすすめや最新のテーマを探す
手順5の画面上部の＜おすすめ＞や＜最新＞をクリックすると、WordPressおすすめのテーマや最新テーマが表示されます。

## 8 テーマがインストールされました。

### Hint インストール済みのテーマ
インストールしたテーマは、＜テーマ＞画面に表示され、＜有効化＞するだけで使用できるようになります。

## Section 16 無料のテーマを使ってカスタマイズしよう

**覚えておきたいキーワード**
- BizVektor
- ダウンロード
- インストール

WordPressのテーマには、ダッシュボードから検索できるもの以外にも、インターネット上で配布されているものが多くあります。ここでは、無料で商用利用が可能なテーマ「BizVektor」をダウンロードして、デザインをカスタマイズする方法を解説します。

### 1 BizVektorをダウンロードする

**Hint インターネット上でテーマを探す**

WordPressのテーマは、WordPress上でテーマを探し、ダウンロードする（Sec.15参照）以外にも、インターネット上で配布されているものを使うこともできます。インターネット上でテーマをダウンロードする際は、安全なサイトからテーマを選ぶようにしてください。

1 BizVektorのサイト（http://bizvektor.com/）へアクセスして、

2 <ダウンロード>をクリックします。

3 ダウンロードボタンをクリックします。

**Memo BizVektor**

BizVektorとは、株式会社ベクトルが配布している無料テーマです。ビジネス向けのサイトを作るのに適した機能が多く含まれており、使いやすいテーマとなっています。

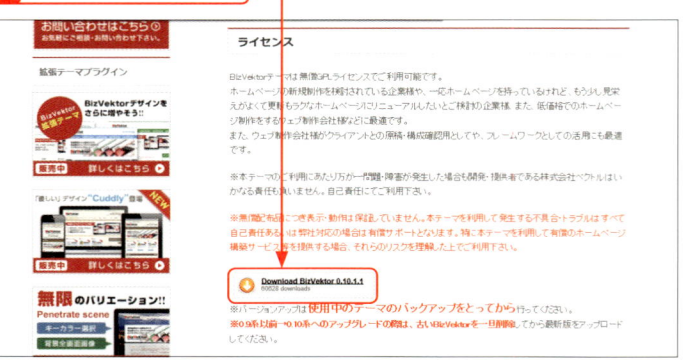

第3章 テーマを決めよう

**4** <保存>をクリックします。

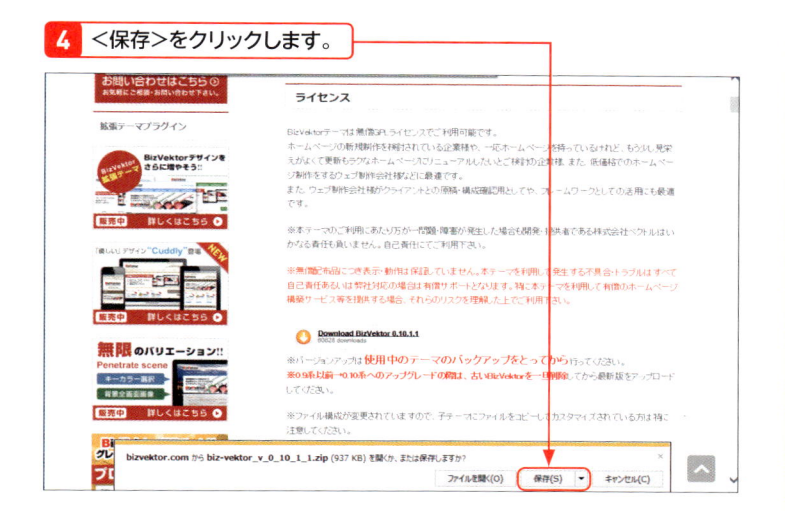

## 2 BizVektorを有効にする

上記の手順の続きです。WordPressのダッシュボードに移動します。

**1** <外観>の上にカーソルを合わせて、

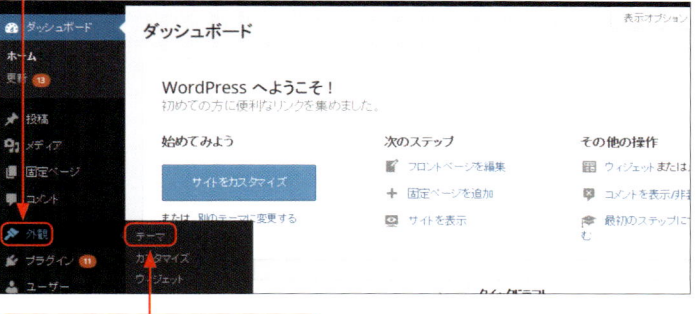

**2** <テーマ>をクリックします。

**3** <新規追加>をクリックします。

---

**! Hint** テーマの ダウンロード画面

手順 **4** の画面は Windows 8 の Internet Explorer での画面です。使用するOSやウェブブラウザによって画面が異なることもありますが、それぞれのOSやウェブブラウザにしたがって、テーマのファイルをダウンロードしてください。

**Memo** テーマの インストール

インターネットからダウンロードしたテーマは、テーマのファイルをWordPressにインストールする必要があります。

---

Section 16 無料のテーマを使ってカスタマイズしよう

第3章 テーマを決めよう

55

## !Hint ファイルの保存場所

BizVektor のテーマファイルは、P.55 手順 4 の画面で保存先に指定しているフォルダに保存されています。

**4** <アップロード>をクリックし、

### テーマのインストール

検索 | **アップロード** | おすすめ | 最新 | 最近の更新

**ZIP 形式のテーマをインストール**
ZIP 形式のテーマファイルをお持ちの場合、こちらからアップロードしてインストールできます。

[　　　　　　] 参照... いますぐインストール

**5** <参照>をクリックします。

**6** ファイルの保存先（ここでは<ダウンロード>）を開いて、

**7** P.55でダウンロードしたファイルをクリックし、

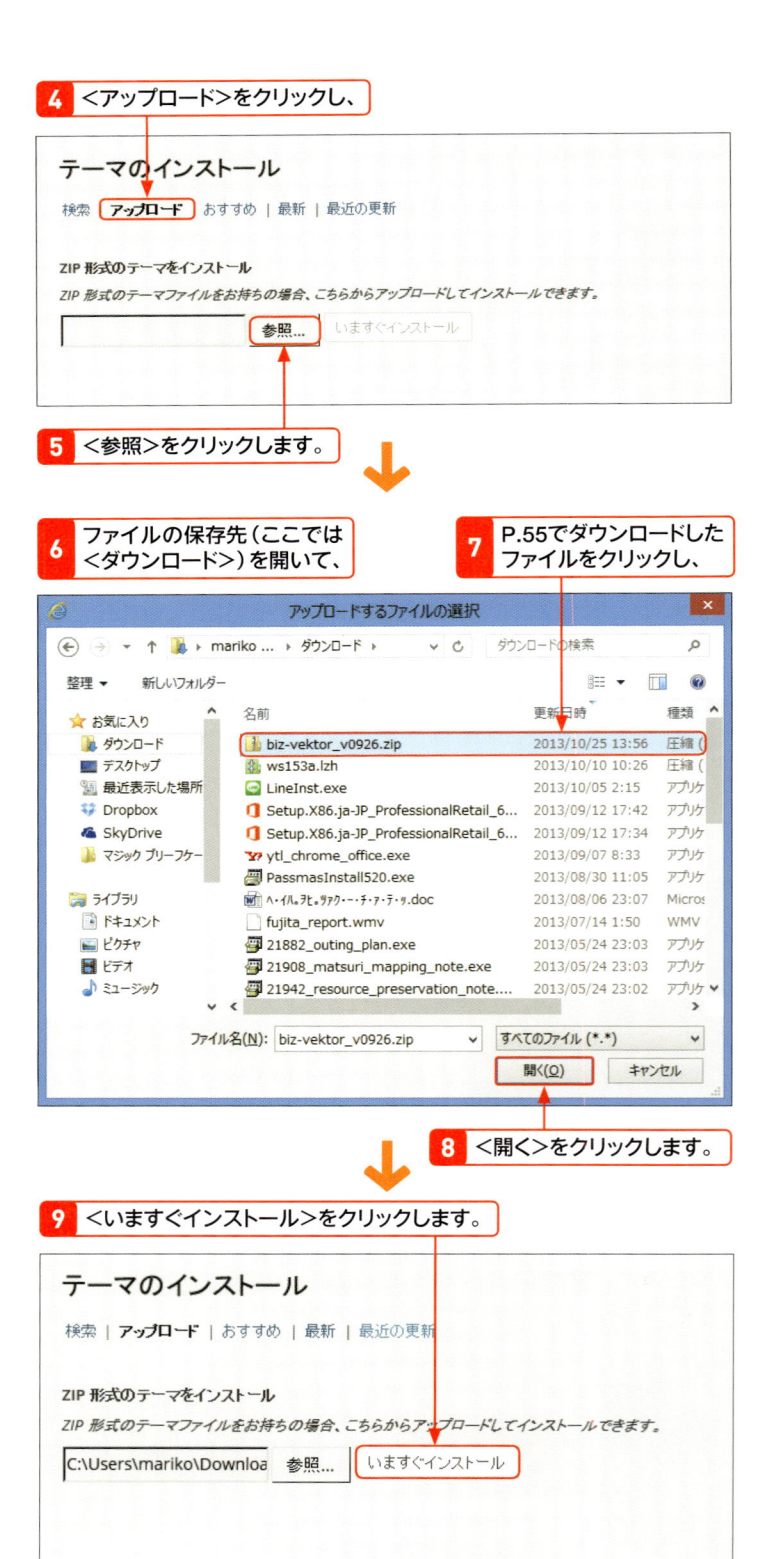

（アップロードするファイルの選択ダイアログ：biz-vektor_v0926.zip を選択）

**8** <開く>をクリックします。

## 📝 Memo　ファイルの名前

P.55 手順 4 の画面では、保存するファイルの名前を確認することができます。この名前のファイルが BizVektor のテーマのファイルになります。

**9** <いますぐインストール>をクリックします。

### テーマのインストール

検索 | **アップロード** | おすすめ | 最新 | 最近の更新

**ZIP 形式のテーマをインストール**
ZIP 形式のテーマファイルをお持ちの場合、こちらからアップロードしてインストールできます。

C:\Users\mariko\Downloa  参照...  いますぐインストール

## !Hint インストールボタン

ファイルを選択すると、グレー表示だった<いますぐインストール>がクリックできる状態に変わります。

**10** テーマのインストールが完了しました。

**11** ＜有効化＞をクリックします。

**12** テーマが有効化されました。

**13** ＜サイトを表示する＞をクリックすると、

**14** テーマが有効化されていることが確認できます。

---

**Memo テーマの有効化**

インストールしたテーマを実際に使用するには、手順**11**のように有効化する必要があります。有効化すると、ただちにテーマが適応されます。

**Memo インストールと有効化**

インストールしたテーマをすぐには有効化しないという場合には、手順**11**の画面で＜テーマのページに戻る＞をクリックしてください。

**Memo BizVektorの有効化**

BizVektorを有効化すると、ダッシュボード上部に＜テーマの管理＞や＜ブログの管理＞といった、BizVektor特有の機能が表示されるようになります。

## 3 BizVektorをカスタマイズする

**Memo　BizVektorのカスタマイズ**

BizVektorは、背景色やヘッダー画像といったカスタマイズに加え、ビジネスサイトに適したいろいろなカスタマイズ機能を備えています。ここでは、サイトのトップに、ロゴ画像とお店の住所・電話番号を掲載する方法を解説します。

ダッシュボードを表示しています。

**1** <外観>をクリックして、

**2** <カスタマイズ>をクリックします。

↓

**3** <デザイン設定>をクリックします。

**Memo　カスタマイズページを開く**

ダッシュボード上部の<テーマの管理>にカーソルを合わせ、<テーマカスタマイザー>をクリックすることでも、手順3の画面を表示することができます。

↓

**4** <画像なし>をクリックします。

**Memo　各項目の設定**

通常のテーマカスタマイズと同様に、画面左にあるそれぞれの項目をクリックすることで設定画面が開き、各種設定をすることができます。設定終了後は画面上部の<保存して公開>をクリックしてください。

第3章 テーマを決めよう

58

**5** <ファイルを選択>をクリックします。

**6** ヘッダーロゴ画像に設定したい画像をクリックして、

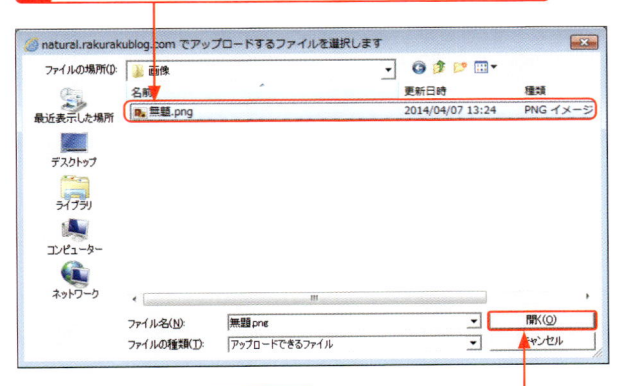

**7** <開く>をクリックします。

**8** ヘッダーロゴ画像が設定されました。

### Memo ヘッダーロゴの設定

ヘッダーロゴは、ヘッダー画像の左上に表示されます。会社やお店のロゴを入れると、どのような会社やお店のページか分かりやすくなります。

### Hint ヘッダーロゴ画像の作成

ヘッダーロゴ画像は、もともと使用しているものがあればそれを掲載してもよいですし、Photoshopなどのツールを使って独自に作成することも可能です。

### Hint 設定は項目ごとに

テーマの設定は、デザインや連絡先といった項目ごとに行い、ひとつの項目を設定したら<保存して公開>をクリックしましょう。

### 📄 Memo　連絡先の設定

BizVektorの機能を使うと、サイトのトップに会社やお店の連絡先を掲載することができます。電話番号や住所を掲載することで、サイトの閲覧者も会社やお店にコンタクトをとりやすくなります。

**9** メニューをスクロールして、

**10** ＜連絡先の設定＞をクリックします。

**11** 「電話番号」や「受付時間」などを入力します。

**12** ＜保存して公開＞をクリックします。

### 📄 Memo　連絡先の設定

「連絡先の設定」で設定可能な項目は以下の通りです。

① **お問い合わせメッセージ**
画面右上に、電話番号の上に表示されます。「お問い合わせはこちら!」などの短いコメントがよいでしょう。

② **電話番号**
電話番号を掲載することで、問い合わせや予約がしやすくなります。

③ **受付時間**
営業時間や定休日を記入しておきましょう。

④ **フッター左下とフッターコピーライトに表示させるサイト名**
サイト下部のコピーライト部分に表示するサイト名を設定できます。

⑤ **住所**
お店や会社の住所を入力します。

⑥ **問い合わせページのURL**
お問い合わせフォームなどが掲載されているページのURLを載せましょう。URLを入力すると、ページ下部に「お問い合わせはこちら!」という画像リンクが掲載されます。

**13** <閉じる>をクリックします。

**14** <管理画面>にカーソルを合わせ、

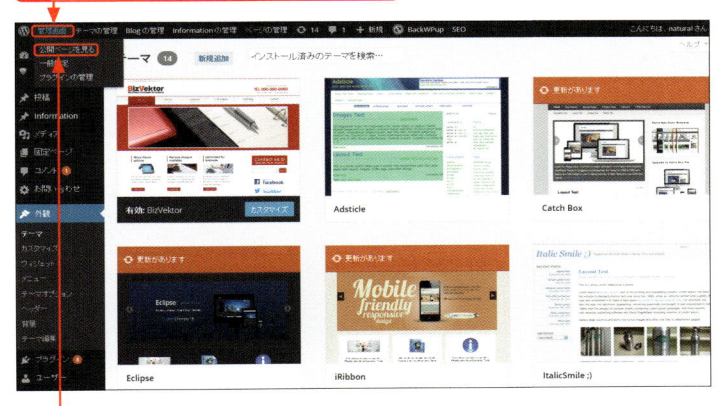

**15** <公開ページを見る>をクリックします。

**16** カスタマイズしたページが表示されました。

---

## Step up　BizVektorでヘッダー画像を設定する

BizVektorの場合、テーマカスタマイザー（左の画面）の<ヘッダー画像>からでは、デフォルトで用意されている画像しかヘッダーに選ぶことができません。任意の画像を設定するには、ダッシュボード上部の<テーマの管理>にカーソルを合わせて、<トップページのメインビジュアル>をクリックして、画像を設定してください。

## Hint　ダッシュボードに戻る

BizVektorでサイトが表示された状態からダッシュボードに戻るには、手順**16**の画面で、画面左上の<管理画面>をクリックしてください。

## Section 17 公式テーマと便利なテーマの紹介

この章で解説してきたように、WordPress では、公式テーマやその他の便利なテーマを使うことができます。テーマによって特徴や機能が異なるので、自分の目的に合わせてテーマを選ぶとよいでしょう。ここでは、公式テーマや便利なテーマをいくつか紹介します。

**覚えておきたいキーワード**
- 公式テーマ
- デザイン
- レスポンシブデザイン

### 1 おすすめテーマの紹介

**Twenty Fourteen**

WordPressの最新公式デザインです。スライダーまたはグリッドレイアウトでコンテンツの画像を表示することができるので、おすすめの投稿を目立たせたい場合に適しています。また、メニューはヘッダーと左サイドバーの2箇所に表示することができるので、メニューの項目数が多い場合にも便利です。

**Twenty Thirteen**

ブログ向けの利用に適した公式テーマです。鮮やかな色を採用したデザイン性の高さが特徴です。

## Twenty Twelve

さまざまな用途に適した、シンプルな公式テーマで、スマートフォンやタブレットからも見やすいレスポンシブデザインが採用されています。本書では、このTwenty Twelveを主に使用しています。

## Twenty Eleven

シンプルで使いやすい公式テーマです。ヘッダーテキストや背景色、リンクの色も選択することができるほか、サイドバーの位置や有無の設定も簡単にできます。

## Catch Box

レスポンシブデザインを使用したテーマです。色や画面構成など細かく設定ができます。

Section 17 公式テーマと便利なテーマの紹介

第3章 テーマを決めよう

iRibbon

リボンをデザインとして使用した、可愛らしい雰囲気のテーマです。スマートフォンでの表示にも対応しており詳細な設定が可能ですが、設定画面は英語になります。

Eclipse

黒を基調としたシックなデザインのテーマです。固定フロントページの利用に適したつくりとなっており、カスタマイズ画面では文字色やリンクの色、フォントなどを選択することができます。

Sixteen

写真を中心としたサイトに向いたデザインです。カスタマイズ可能なスライダー式のヘッダーが利用でき、レスポンシブデザインに対応しています。

# 第4章

# ［サイトのトップページを作ろう］

Section 18 ▶ 「投稿」と「固定ページ」の違いとは？
Section 19 ▶ サイトのページ構成を考えよう
Section 20 ▶ トップページのベースを作ろう
Section 21 ▶ ページに画像を挿入しよう
Section 22 ▶ 文字を装飾しよう
Section 23 ▶ 文字や画像にリンクを張ろう
Section 24 ▶ ページのレイアウトを整えよう
Section 25 ▶ 固定フロントページを設定しよう

## Section 18 「投稿」と「固定ページ」の違いとは？

**覚えておきたいキーワード**
▶ 投稿
▶ 固定ページ
▶ テンプレート

WordPressで作成できるページには、「投稿」と「固定ページ」の2種類があり、これらを使い分けることで見栄えの良いサイトをかんたんに作ることができます。どちらも作成時の操作は同様ですが、表示のされ方などに違いがあります。それぞれの特徴と違いを理解しましょう。

### 1 「投稿」とは

**Memo 記事を投稿する**

投稿は、ブログのように頻繁に更新したい情報を発信するときに便利です。記事は投稿日時の新しい順に表示されます。カテゴリーを設定して記事を分類することもできます。投稿についての詳細は第7章で解説します。

「投稿」は、ブログの記事の投稿のように使うことができる機能です。作成日時の新しいページほど上に表示されます。

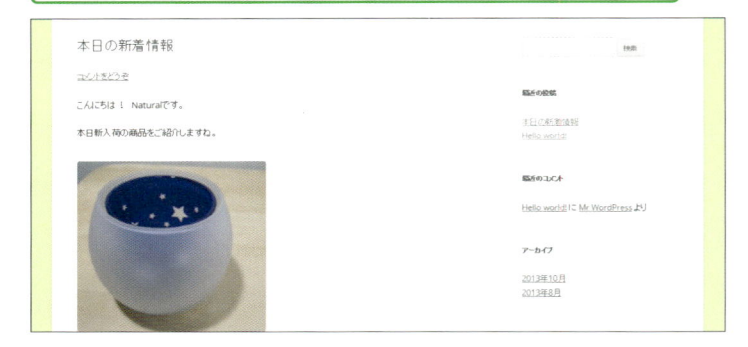

投稿した記事は、カテゴリー分けをしたり、月ごとにアーカイブにすることができます。

カテゴリーを作成し、設定することができる。

**Memo サイドバーをカスタマイズする**

ウィジェット (Sec.35参照) を使うことで、サイドバーにカテゴリー別や月別の記事の一覧を表示させることができます。サイトの閲覧者が見たい情報をすぐに見つけることができ、便利です。

## 2 「固定ページ」とは

「固定ページ」は、独立したページを作ることができる機能です。
ページへのリンクを、メニュー部分に表示させることができます。

サイト上部のメニューをクリックすると、
それぞれの固定ページを表示できます。

#### お店の情報のページ

#### 商品紹介のページ

**Memo　固定ページを作成する**

固定ページは、1つの独立したページを作る機能です。会社情報など、ウェブサイトに必要なページを作る際に便利です。テンプレートを選ぶことで、サイドバーの表示をオフにすることもできます。本書ではこの固定ページで、サイトの主なページを作っていきます。

**Memo　ページをメニューに加える**

サイトのトップに表示されているメニューには、固定ページへのリンクを表示することができます。これによって、ひとつひとつの固定ページにつながりができ、1つのウェブサイトとして機能するようになります（Sec.28参照）。

**Hint　固定ページと投稿の使い分け**

固定ページと投稿は、記事の内容によって使い分けると便利です。つねにトップページに表示しておきたいものは固定ページを使い、ブログのように利用したい場合は投稿を使用します。

# Section 19 サイトのページ構成を考えよう

サイトのページ構成を最初に考えることは、スムーズに作成を進めるうえでとても重要です。また、それぞれのページを作成する時には、ページの目的に合った「テンプレート」を使用することで無駄のない見やすいサイトを作ることができます。

**覚えておきたいキーワード**
- フロントページ
- 全幅ページ
- デフォルト

## 1 テンプレートの種類

### Memo ウェブサイトの構成を考える

ウェブサイトの構成を考えるには、まず、サイトに必要なページを考えましょう。お店の地図を載せるページや、商品紹介のページ、お問い合わせのページなど、いろいろなものが思いつくはずです。必要なページを考え終わったら、それらのページをどのように構成するか考えます。右の図のように、かんたんにサイト全体の設計図を書いてみるとよいでしょう。

WordPressでウェブサイトを作成するときには、はじめにサイト全体の構成を考えておくことが大切です。自分が作りたいサイトの内容に合わせて、どのような種類のページが必要なのかを考えましょう。

**サイト構成の例**

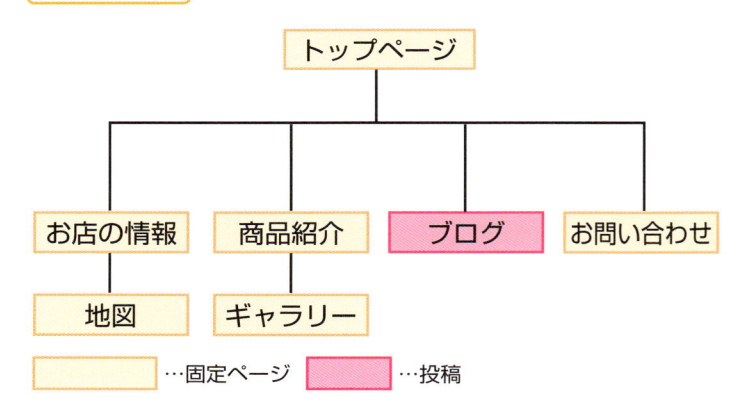

```
              トップページ
        ┌────────┼────────┬────────┐
    お店の情報  商品紹介    ブログ   お問い合わせ
        │        │
       地図    ギャラリー
```

□ …固定ページ    ■ …投稿

### Memo 投稿と固定ページを使い分ける

Sec.18で説明したように、WordPressにはページを作る主な機能として、投稿と固定ページがあります。自分が作りたいページの性質に合わせて、これらの機能を使い分けていくと、スムーズにサイトを作ることができます。

**各ページの内容の例**

| | |
|---|---|
| トップページ | サイトの顔となるページです。各ページへのリンクや最新情報などを載せましょう。 |
| お店の情報 | 店舗や会社の情報を掲載するページです。住所や連絡先、営業時間、地図などを載せます。 |
| 商品紹介 | お店に並ぶ商品を紹介します。商品の写真と商品説明などを載せることで、サイト閲覧者に商品の情報を伝えることができます。 |
| ブログ | お店の新商品などを紹介するなど、サイト閲覧者に最新の情報を発信できるページです。お店への興味を持ってもらうことにもつながります。 |
| お問い合わせ | サイト閲覧者からの質問に答えられるようにメールフォームを設置します。 |

## 2 テンプレートを活用する

固定ページでは、「テンプレート」を使用することで、ページの表示形式を簡単に変更することができます。ページの内容に合わせて、適切なテンプレートを設定しましょう。

### デフォルトテンプレート

### フロントページテンプレート

> **Memo デフォルトテンプレート**
>
> デフォルトテンプレートでは、サイドバー、コメント欄ともに表示されます。見た目は「投稿」で作成したものと似ていますが、固定ページとして作成することで投稿と異なり、独立したページとして表示することができます。

> **Memo フロントページテンプレート**
>
> フロントページテンプレートでは、トップページに使用するテンプレートです。サイドバーもコメント欄もなく、画面をもっとも広く使うことのできる形式です。

> **Hint 全幅ページテンプレート**
>
> 全幅ページテンプレートでは、サイドバーがなく、コメント欄は表示されるスタイルのテンプレートです。サイドバーを表示する必要のない固定ページで使用することができます。

Section 20

# トップページのベースを作ろう

サイトの構成が決まったら、最初にトップページを作りましょう。トップページには、サイドバーが表示されない「フロントページテンプレート」を使用します。まずは固定ページ機能を使って、トップページのベースとなるページを作成します。

**覚えておきたいキーワード**
- ▶ トップページ
- ▶ テンプレート
- ▶ 固定ページ

## 1 トップページとなる固定ページを作成する

**Memo トップページに必要な要素**

トップページはサイトの顔となるページです。会社やお店の名前、サイトの説明などが載っていると、閲覧者にも情報が伝わりやすいでしょう。

ダッシュボードを表示しています。

**1** <固定ページ>の上にカーソルを合わせて、

**2** <新規追加>をクリックします。

**3** ページのタイトルを入力して、

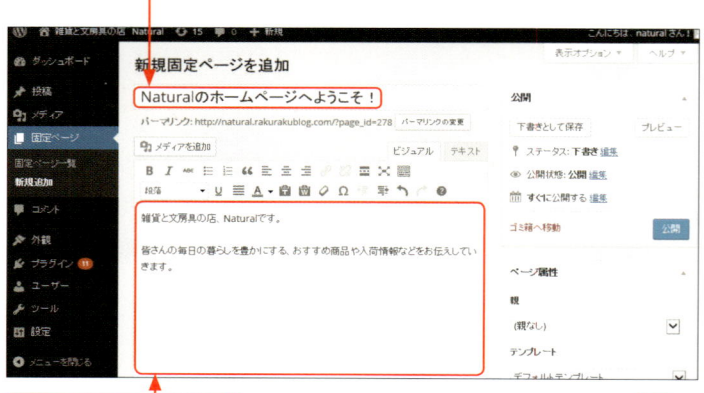

**4** 本文を入力します。

**Hint ページのタイトル**

ページのタイトルとして入力したものは、そのページの画面上部に表示されます。

第4章 サイトのトップページを作ろう

**5** 「テンプレート」で＜フロントページテンプレート＞を選択して、

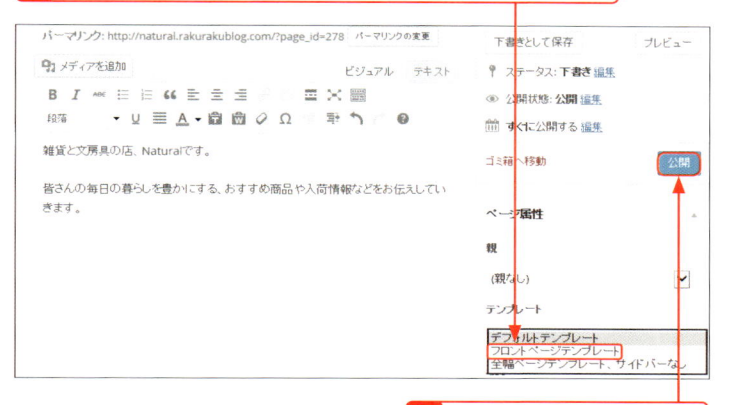

**6** ＜公開＞をクリックします。

**7** ＜固定ページを表示する＞をクリックします。

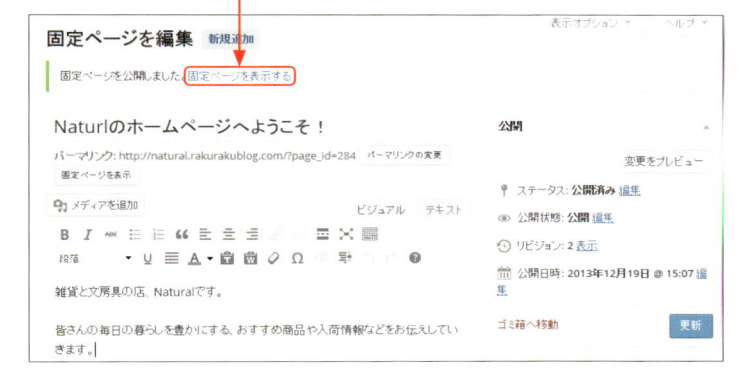

**8** 作成した固定ページが表示されました。

### Step up　パーマリンクの設定

パーマリンク（Sec.11参照）にページタイトルが含まれるように設定されている場合、ページタイトルが日本語のときURLが正常に表示されないことがあります。P.70手順**3**の画面で、＜パーマリンクの変更＞をクリックし、任意の半角英数字の文字列に書きかえましょう。

### Memo　プレビューで確認する

手順**5**の画面で＜プレビュー＞ボタンをクリックすると、ページが公開された時の状態を確認することができます。

### Memo　ダッシュボードに戻る

手順**8**の画面で、画面左上のサイト名の上にカーソルを合わせて、＜ダッシュボード＞をクリックすることで、ダッシュボードに戻ることができます。

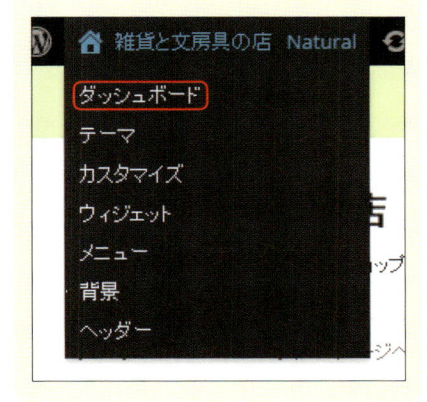

Section 20　トップページのベースを作ろう

第4章　サイトのトップページを作ろう

Section 21

# ページに画像を挿入しよう

固定ページに画像を掲載するためには、あらかじめ＜ライブラリ＞に写真をアップロードしておく必要があります（Sec.29参照）。画像の挿入画面ではサイズや表示位置をかんたんに選択できるほか、タイトルやキャプションを設定することも可能です。

**覚えておきたいキーワード**
▶ メディア
▶ 配置
▶ サイズ

## 1 固定ページに画像を掲載する

**Memo 新規作成ページへの画像の挿入**

この節では、作成済みのページに画像を挿入する方法を解説していますが、新規固定ページ作成の際にも、P.73手順4以降の方法で、ページに画像を挿入することができます。

ダッシュボードを表示しています。

1 ＜固定ページ＞にカーソルを合わせ、

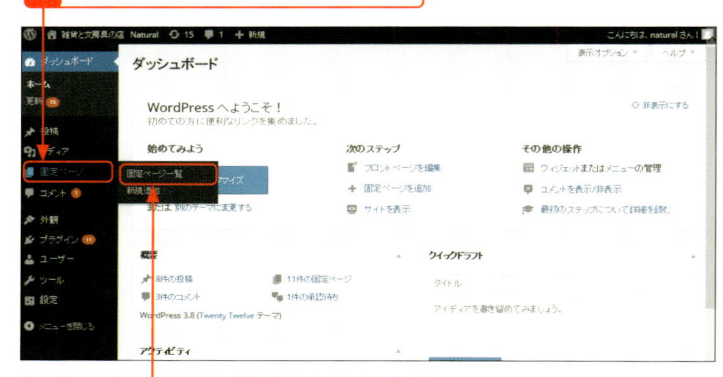

2 ＜固定ページ一覧＞をクリックします。

3 画像を挿入したいページタイトル（ここではSec.20で作ったページ）をクリックします。

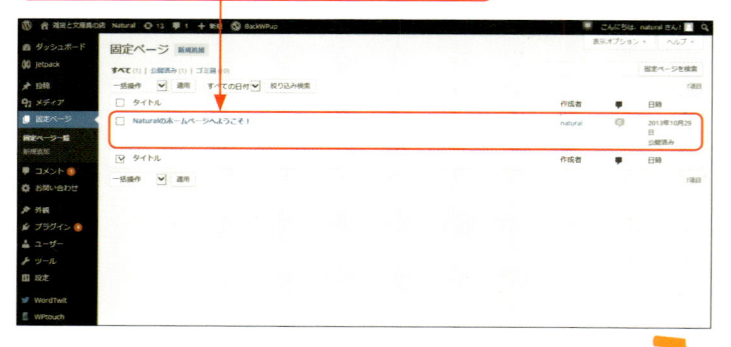

**Memo ページの編集**

手順3の画面で、ページタイトルにカーソルを合わせた際に表示される＜編集＞をクリックすることでも、固定ページの編集画面に移動することができます。

第4章 サイトのトップページを作ろう

**4** 画像の挿入位置をクリックして、

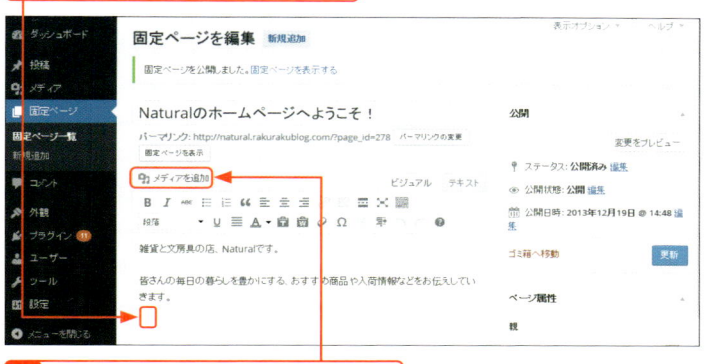

**5** <メディアを追加>をクリックします。

**6** 挿入したい画像をクリックして、

**7** 「配置」と「リンク先」と「サイズ」を設定します。

**8** <固定ページに挿入>をクリックします。

**9** ページに画像が挿入されました。

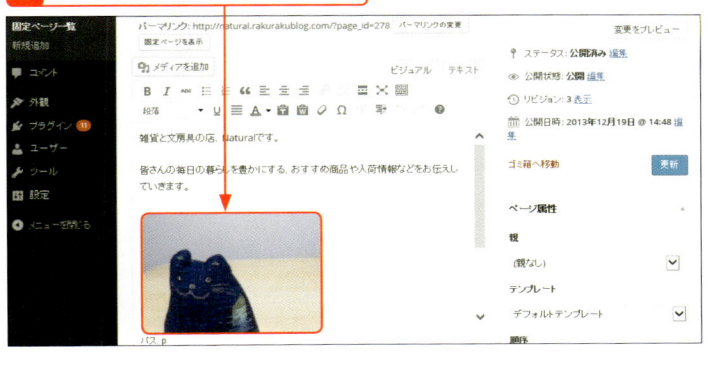

## Memo 画像をアップロードする

手順**6**の画面で、新しく画像をアップロードしたい場合は、<ファイルをアップロード>をクリックして、画像をアップロードします。

## Memo 画像の表示設定

手順**7**では、画像の表示について設定することができます。

①配置
画像をページのどこに配置するか設定できます。

②リンク先
画像からのリンクをどこに張るのか設定できます。
・メディアファイル…挿入した画像にリンクを張ります。
・添付ファイルのページ…画像のページにリンクを張ります。
・カスタムURL…画像からのリンク先を自由に設定できます。
・なし…画像にリンクを張りません。

③サイズ
画像のサイズを「フルサイズ」「中」「サムネイル」から設定できます。「サムネイル」は任意のサイズを設定できます。

## Memo 画像挿入後の手順

手順**9**のあと<変更をプレビュー>（または<プレビュー>）をクリックするとプレビューを確認できます。プレビューに問題がなければ<更新>（または<公開>）をクリックします。

Section 21 ページに画像を挿入しよう

第4章 サイトのトップページを作ろう

73

## Section 22 文字を装飾しよう

ページに挿入する文字は、必要に応じて太字や斜体などの強調をつけることができます。WordPress では「ビジュアルエディタ」を使うことで、文字の装飾などを、かんたんな操作で行うことができます。文字を装飾してページにメリハリをつけましょう。

**覚えておきたいキーワード**
▶ 装飾
▶ 斜体
▶ 取り消し線

### 1 文字を太字にする

**Keyword　ビジュアルエディタ**

WordPressの固定ページや投稿の作成には、ビジュアルエディタとテキストエディタという二種類のエディタを使用することができます。ビジュアルエディタは、HTMLなどのコードを使わずに、画像を挿入したり文字を装飾したりすることができます。

固定ページの作成ページ(もしくは編集ページ)を表示しています。

1 <ビジュアル>をクリックします。

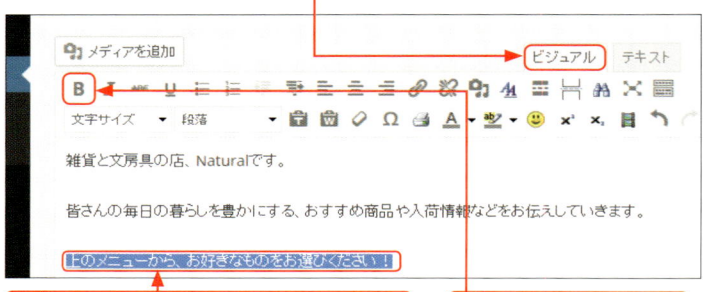

2 太字にする部分をドラッグして選択し、

3 **B** をクリックします。

4 文字が太字になりました。

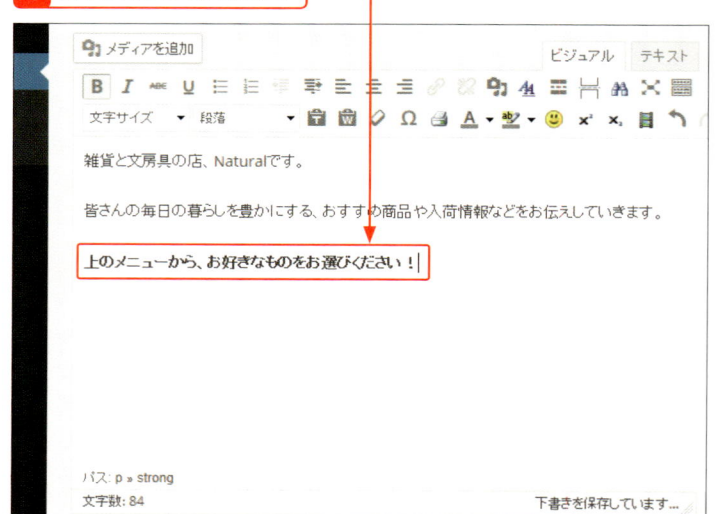

**Memo　文字を装飾する機能**

ビジュアルエディタには、ここで紹介している装飾機能以外にも、取り消し線の追加や、文字の背景色の追加などの機能があります。それぞれのアイコンの上にカーソルを合わせると説明が表示されるので、試してみましょう。

## 2 文字の色を変更する

左ページの手順の続きです。

**1** 色を変更したい文字を選択して、

**2** A をクリックします。

**3** 色を選んでクリックすると、文字の色を変更できます。

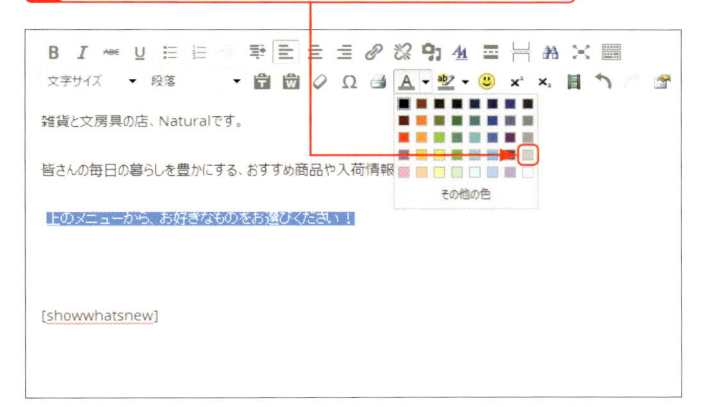

### ! Hint 集中執筆モード

手順**1**の画面で ✕ をクリックすると、タイトル入力欄とテキスト入力欄のみがクローズアップして表示され、執筆に集中することができるようになります。

### Memo 編集の確定

文字の装飾が完了したら、手順**3**の後で＜更新＞（または＜公開＞）をクリックして編集を保存してください。

## 3 文字を斜体にする

上記の手順の続きです。

**1** 斜体にする部分をドラッグして選択し、

**2** *I* をクリックします。

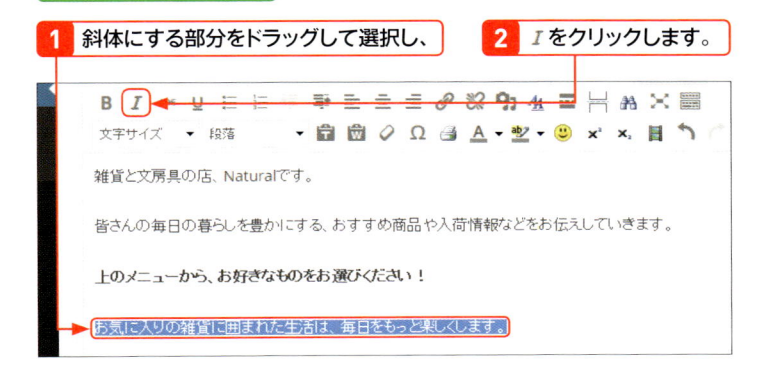

### Memo 斜体の文字

斜体の設定をした部分の文字は、以下のように表示されます。

> お気に入りの雑貨に囲まれた生活は、毎日をもっと楽しくします。

# Section 23 文字や画像にリンクを張ろう

文字や画像にリンクを張ると、その部分をクリックすることで指定したウェブページに移動することができるようになります。リンク先には、自分のサイト内のページおよび外部のサイト、どちらも指定することが可能です。リンクを張って便利なページにしましょう。

**覚えておきたいキーワード**
- リンク
- URL
- 追加

## 1 文字にリンクを追加する

**Memo ビジュアルエディタのリンク機能**

ビジュアルエディタでは、文字や画像にかんたんにリンクを設定することができます。

固定ページの作成ページ（もしくは編集ページ）を表示しています。

**1** リンクを張る部分の文字をドラッグして選択して、

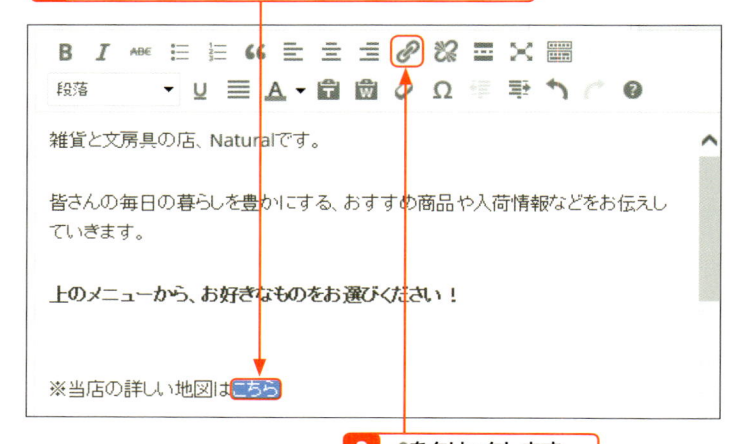

**2** 🔗 をクリックします。

**Hint 既存のページにリンクを張る**

手順**3**の画面で＜または既存のコンテンツにリンク＞をクリックすると、サイト内の別のページや投稿にリンクを張ることができます。

**3** リンク先のURLを入力して、

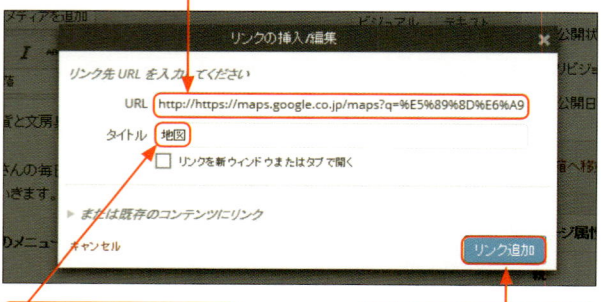

**4** リンクのタイトルを入力し、

**5** ＜リンク追加＞をクリックします。

**Memo 新しいウィンドウで開く**

リンク先のページを新しいウィンドウで開きたい場合には、手順**3**の画面で＜リンクを新ウィンドウまたはタブで開く＞にチェックを入れてください。

第4章 サイトのトップページを作ろう

**6** リンクが追加されました。

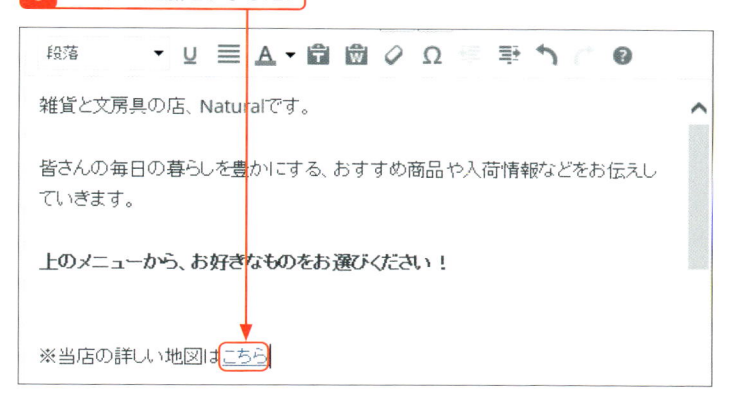

### Memo 文字のリンクの解除

リンクを解除するには、リンクを張った文字を選択し、メニュー上部の 🔗 をクリックします。

## 2 画像にリンクを追加する

Sec.21の方法で、ページに画像を挿入しています。

**1** リンクを追加する画像をクリックして、

**2** 🖼 をクリックします。

### Memo WordPress 3.9以降で画像にリンクを張る

WordPressのバージョン3.9以上でリンクを張る場合は、手順**2**で 🖉 をクリックして、「リンク先URL」で「カスタムURL」を選択し、手順**3**以降の操作をします。

**3** ＜リンクURL＞にリンク先のURLを入力して、

**4** ＜更新＞をクリックすると、画像にリンクが追加されます。

### Memo 画像のリンクの解除

画像のリンクを解除するには、手順**1**～**2**の方法で画像の編集画面を開き、＜リンクURL＞のURLを削除して、＜更新＞をクリックします。

## Section 24 ページのレイアウトを整えよう

各ページで表示する文字は初期設定では左揃えになっていますが、必要に応じて中央揃えや右揃えに変更することができます。また、画像の表示位置を変更する場合には、画像をクリックしたときに表示されるメニューから編集画面に移動して行ないます。

**覚えておきたいキーワード**
▶ 中央揃え
▶ 配置
▶ レイアウト

### 1 文字を中央揃えにする

固定ページの作成ページ（もしくは編集ページ）を表示しています。

**1** 中央揃えにする部分の文字をドラッグして選択し、

**2** 　をクリックします。

**3** 選択した部分が中央揃えになりました。

#### Hint 初期設定のレイアウト

初期設定では、入力する文字は左揃えになっています。ほとんどの場合は左揃えの表示のまま使用しますが、記事の内容などによって、柔軟に使い分けてください。

#### Step up レイアウトを元に戻す

右揃えや中央揃えにした文字を元に戻したい場合は、再び同じ範囲を選択して、　をクリックしてください。また、キーボードから[Ctrl]を押しながら[Z]を押すことでも、設定を元に戻すことができます。

第4章 サイトのトップページを作ろう

## 2 画像の位置を変更する

Sec.21の方法で、ページに画像を挿入しています。

**1** 位置を変更する画像をクリックして、

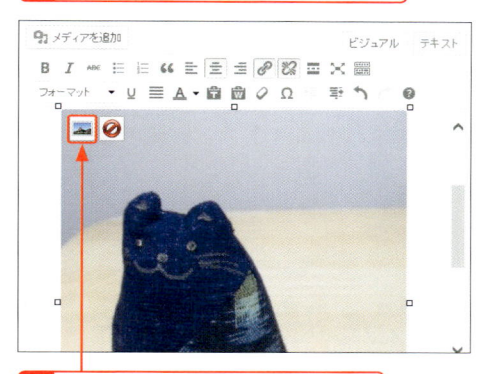

**2** ■（または ✏）をクリックします。

**3** ＜配置＞から位置を選択して、

**4** ＜更新＞をクリックします。

**5** 画像の表示位置が変更されます。

### 📄 Memo 画像の削除と編集

手順 **2** の画面で、✏（または❌）をクリックすると画像を削除できます。また、手順 **3** の画面では、画像の配置だけでなく、代替テキストやキャプション、リンク先URLの変更も可能です。

### Step up 画像の位置とテキスト

画像表示位置手順 **3** で＜なし＞を選んだ場合も＜左＞と同様に画面左に画像が表示されます。ただし、＜左＞を選ぶと、文字が画面の様に回り込んで表示されます。文字の回り込みは＜右＞も同様です。

## Section 25 固定フロントページを設定しよう

トップページが完成したら、最後にもう一度プレビューを確認しましょう。プレビューに問題がなければ、ページを「固定フロントページ」に設定します。この設定をすることで、サイトにアクセスすると必ずトップページが最初に表示されるようになります。

**覚えておきたいキーワード**
- ▶ 公開
- ▶ 更新
- ▶ 表示

### 1 ページのプレビューを確認する

**Memo 必ずプレビューをチェックする**

ひとつのページが完成したら、最終的なチェックのためにも一度必ずプレビューを見るようにしましょう。

固定ページの作成ページ(もしくは編集ページ)を開いています。

**1** <プレビュー>または<更新をプレビュー>をクリックします。

**2** ページのプレビューが別ウィンドウで表示されます。

**Memo 編集を続ける場合**

プレビューを確認後、編集したい箇所があった場合は、ダッシュボードに戻り、編集しましょう。再度プレビューボタンを押すと、先ほど別ウィンドウで開いていたプレビュー画面が更新されて表示されます。

**3** プレビューに問題がなければ、<公開>（または<更新>）をクリックします。

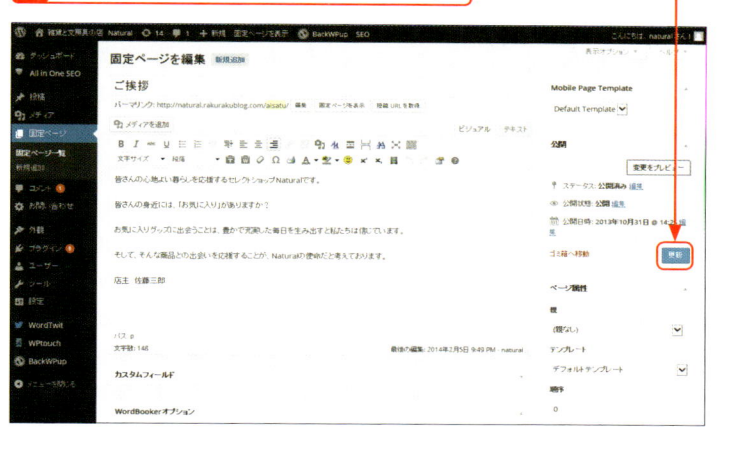

### Memo ページを公開したあと

編集が終了し、ページを公開したあとは、別ウィンドウで開いているプレビューは閉じてしまってかまいません。

## 2 固定フロントページを設定する

上記の手順の続きです。

**1** <外観>にカーソルを合わせ、

**2** <カスタマイズ>をクリックします。

**3** <固定フロントページ>をクリックします。

### Memo 固定フロントページを設定する

WordPressには、特定のページを常にサイトのトップページに表示するように指定することができる「固定フロントページ」という機能があります。この機能を使って、作ったページをトップページにしておきましょう。

第4章 サイトのトップページを作ろう

Section 25 固定フロントページを設定しよう

## Memo 投稿ページに設定する

手順4の画面で、「フロントページ」の下の「投稿ページ」では、投稿の一覧を表示するページを指定することができます。たとえば「Blog」という固定ページを作って、投稿ページに指定すると、そのページを閲覧するだけで、投稿記事をまとめて見ることができます。

## Hint ブログのように使いたい場合

投稿を常にトップにして、ブログのようにサイトを使いたい場合は、手順4の画面で、＜最新の投稿＞を選択しましょう。

## Memo 設定が反映されているか確認する

フロントページの設定が完了したら、Sec.12の方法でサイトを表示して、トップページが正常に表示されているか確認しましょう。

---

**4** ＜固定ページ＞をクリックして、

**5** 「フロントページ」の＜―選択―＞をクリックします。

↓

**6** フロントページに設定したい固定ページをクリックし、

**7** ＜保存して公開＞をクリックします。

↓

**8** ＜閉じる＞をクリックします。

# 第5章 サイトのページを充実させよう

- Section 26 ▶ サイトに必要なページを作ろう
- Section 27 ▶ 固定ページを追加しよう
- Section 28 ▶ メニューを追加しよう
- Section 29 ▶ 写真をライブラリに追加しよう
- Section 30 ▶ ライブラリの写真を編集しよう
- Section 31 ▶ アルバムページを作ろう
- Section 32 ▶ YouTubeの動画をページに掲載しよう
- Section 33 ▶ ページにGoogleマップを掲載しよう
- Section 34 ▶ コメント欄を非表示にしよう
- Section 35 ▶ サイドバーをカスタマイズしよう
- Section 36 ▶ ページにパスワードをかけよう
- Section 37 ▶ 作成済みのページを編集しよう

## Section 26 サイトに必要なページを作ろう

トップページを作成したあとは、サイトの構成（Sec.19参照）に沿って、サイトに必要なその他のページを作っていきましょう。「固定ページ」の機能を使って、いろいろなページを作ることができます。作ったページをトップページのメニューに反映させて、ひとつのサイトとして組み立てます。

**覚えておきたいキーワード**
▶ 固定ページ
▶ メニュー
▶ ギャラリー

### 1 サイトの各ページを作成する

#### Memo この章の流れ
この章ではサイトに必要な各ページを作ります。作ったページはそれぞれトップのメニューに反映していくことで、ひとつのサイトとして機能するようになります。

#### Memo ギャラリー機能を使う
ギャラリー機能を使用することで、ページに写真を複数掲載することができます。商品やスタッフの紹介などに使用してもよいでしょう。詳しくはSec.31を参照してください。

#### Memo Googleマップを掲載する
WordPressでは、Googleマップをかんたんにページに掲載することができます。お店や会社の場所を紹介するページに使うとよいでしょう。詳しくはSec.33を参照してください。

「固定ページ」を追加して（Sec.27参照）、サイトに必要な各ページを作っていきます。

**ギャラリーのページ**

**地図のページ**

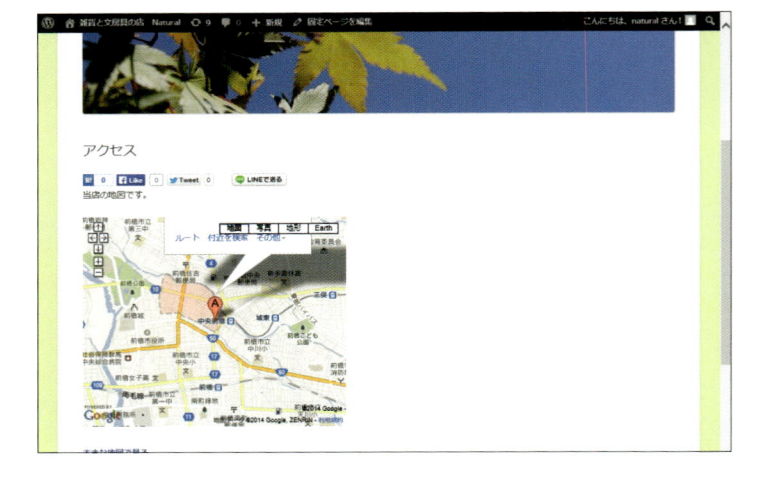

第5章 サイトのページを充実させよう

動画紹介のページ

## 2 サイトをカスタマイズする

作成したページは、トップページのメニューに反映させていきます。

ウィジェットを使うことで、サイドバーにいろいろな情報を表示することができます。

**Memo YouTubeの動画を掲載する**

YouTubeの動画共有機能を使うことで、ページに動画を載せることができます。動画をページ上で再生でき、サイト訪問者にとっても便利です。詳しくはSec.32を参照してください。

**Memo メニューに加える**

ページは、作成しただけではトップページとのつながりがなく、サイトの一部として機能することができません。そこで、ページを作成したら、トップページのメニューに反映するようにしましょう。詳しくはSec.28を参照してください。

**Memo ウィジェットを使う**

ウィジェットを使うことで、カレンダーや投稿の一覧をサイドバーに表示することができます。詳しくはSec.35を参照してください。なお、固定ページのテンプレートによってはサイドバーが表示されない場合もあります。

## Section 27 固定ページを追加しよう

**覚えておきたいキーワード**
- 固定ページ
- 親ページ
- 子ページ

WordPressでは、固定ページを作成する際に「親ページ」と「子ページ」という属性を設定することができます。子ページは、固定ページ一覧で親ページの下に表示されるので、ページ数が多くなっても、分かりやすくページを管理することができます。

### 1 固定ページを作成する

**Keyword 親ページと子ページ**

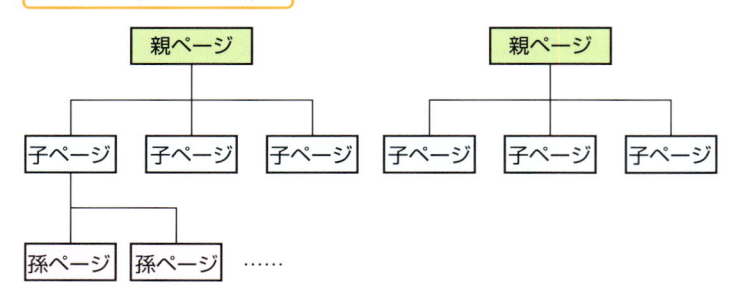

親ページと子ページは、基本的にはそれぞれ独立した固定ページではありますが、親と子というつながりを持ちます。子ページは親ページの下に属し、固定ページ一覧でもそのように表示されます。また、子ページのURLは、親ページのURLを含んだものとなります（パーマリンクの設定が「デフォルト」の場合を除く）。

WordPressでは、特定のページを「親ページ」として、その下に「子ページ」を作成することができます。

親ページと子ページの構造

```
       親ページ                    親ページ
    ┌────┼────┐              ┌────┼────┐
  子ページ 子ページ 子ページ    子ページ 子ページ 子ページ
  ┌─┴─┐
孫ページ 孫ページ ……
```

「固定ページ一覧」では、子ページは親ページの下に表示されるので、ページ数が多い場合でも、関係性が分かりやすくなります。

**Step up 子ページの下にさらに階層を作る**

固定ページを作成する際には、すでに他のページの子ページになっているものを親ページとして指定することもできます。こうすることで、親ページ、子ページだけでなく、孫ページまで階層を作ることができます。あまり階層を深くして複雑にすることはおすすめできませんが、効率よくページを管理するために階層をうまく使うようにしましょう。

親ページの下段に、「—」がタイトルの頭について子ページが表示される。

第5章 サイトのページを充実させよう

## 2 子ページを作成する

ダッシュボードを表示しています。

**1** ダッシュボードの＜固定ページ＞にカーソルを合わせて、

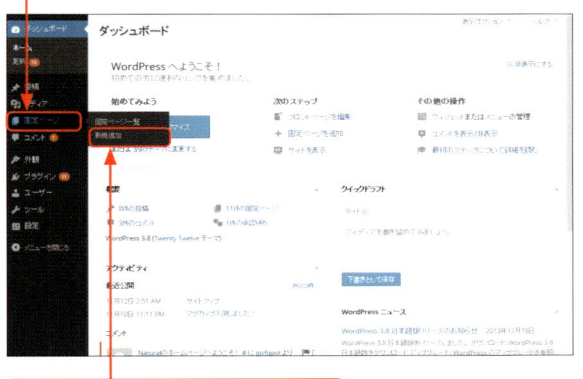

**2** ＜新規追加＞をクリックします。

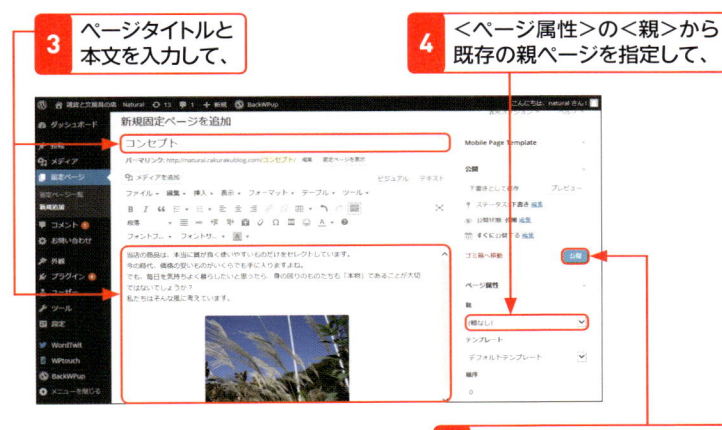

**3** ページタイトルと本文を入力して、

**4** ＜ページ属性＞の＜親＞から既存の親ページを指定して、

**5** ＜公開＞をクリックします。

**6** 固定ページが追加されました。

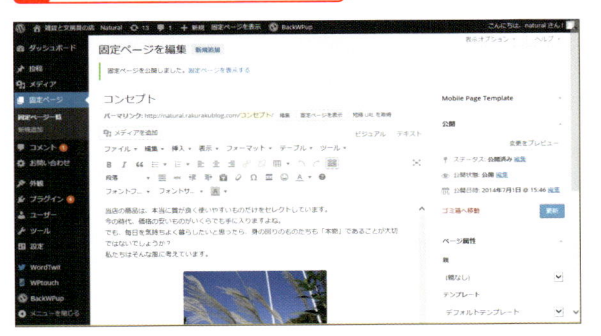

### 📄 Memo　子ページの作成

子ページを作成する場合も、通常と同様に「新規作成」画面から入力します。タイトルや本文を入力後、一覧から親ページを選択することで、選択したページの子ページに設定することができます。

## Section 28 メニューを追加しよう

**覚えておきたいキーワード**
▶ グローバルナビゲーション
▶ メニュー
▶ トップページ

追加した固定ページにアクセスしてもらうように、サイト上部に表示されるメニューに追加する必要があります。また、メニューに表示される順序や表示名なども、編集することができます。サイトの訪問者が分かりやすいようにメニューの表示を工夫しましょう。

### 1 メニューの設定をする

**Memo メニューとは**

メニューとは、P.43で説明したように、サイトの画面上部に表示される各ページへのリンクのことです。ここに固定ページや、投稿のカテゴリーへのリンクを表示させることができます。この章で作っていくページを、この節の方法でメニューに加えていきましょう。投稿のカテゴリーをメニューに加える方法はSec.59を参照してください。

ダッシュボードを表示しています。

**1** <外観>にカーソルを合わせて、

**2** <メニュー>をクリックします。

**3** <メニューの名前>に任意の名前を入力し、

**4** <メニューを保存>をクリックします。

**Step up メニューが正しく表示されない場合**

この節で解説している手順でメニューを設定しても、メニューが正しく表示されない場合は、手順**3**の画面で<位置の管理>をクリックし、「メインメニュー」に、この節で作成したメニューを選んで<変更を保存>をクリックすると、メニューが正しく設定されます。

**5** メニューに追加したいページにチェックを入れ、

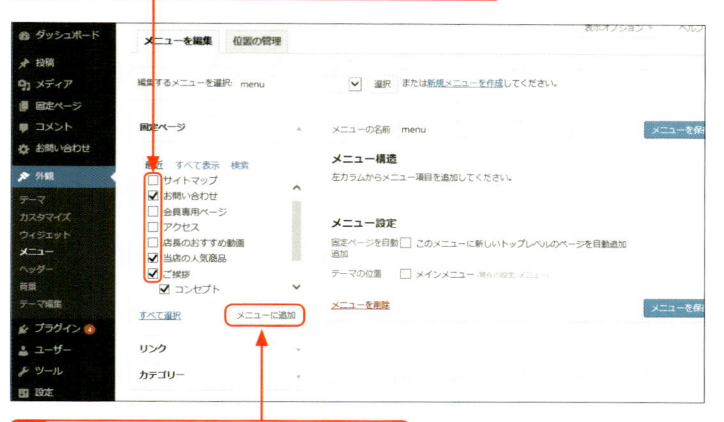

**6** ＜メニューに追加＞をクリックします。

「メニュー構造」部分に並んでいる項目は、上から順にメニューの左から表示されます。

**7** 項目をドラックして並び替えて、

**8** ＜メニューを保存＞をクリックします。

---

## !Hint 外部リンクをメニューに追加する

手順**5**の画面で、＜固定ページ＞の下の＜リンク＞をクリックすると、外部へのリンクをメニューに加えることができます。リンク先のURLとメニューに表示するテキストを入力して＜メニューに追加＞をクリックすると、「メニュー構造」部分に追加されます。

## Memo メニュー名を変更する

手順**7**の画面の「メニュー構造」部分に並んでいる各メニューの▼をクリックすると、メニューの編集画面が開きます。ここからメニュー名を変更することができます。

## Memo メニューから削除する

上記Memoの方法でメニューの編集画面を開き、＜削除＞をクリックすると、メニューから削除することができます。なお、メニューから削除してもページのそのものが削除されるわけではありません。

Section 28 メニューを追加しよう

第5章 サイトのページを充実させよう

## Section 29 写真をライブラリに追加しよう

**覚えておきたいキーワード**
- メディアライブラリ
- ライブラリ
- アップロード

固定ページや投稿で使用する写真は、あらかじめ「メディアライブラリ」にアップロードしておくと、スムーズに挿入できるようになります。ライブラリへの追加は、写真をドラッグ&ドロップするだけでよいので、多くの写真をまとめてアップロードする場合にも便利です。

### 1 写真をドラッグ&ドロップで追加する

**Memo 写真はあらかじめ追加しておく**

ギャラリー(Sec.31参照)など、多くの写真を使用したい場合は、あらかじめメディアライブラリに写真を追加しておきましょう。なお、ここで紹介しているドラッグ&ドロップの方法で写真を追加できないときは、P.91のフォルダから選択する方法で行ってください。

ダッシュボードを表示しています。

1 <メディア>にカーソルを合わせて、

2 <新規追加>をクリックします。

3 ファイルをドラッグ&ドロップして追加します。

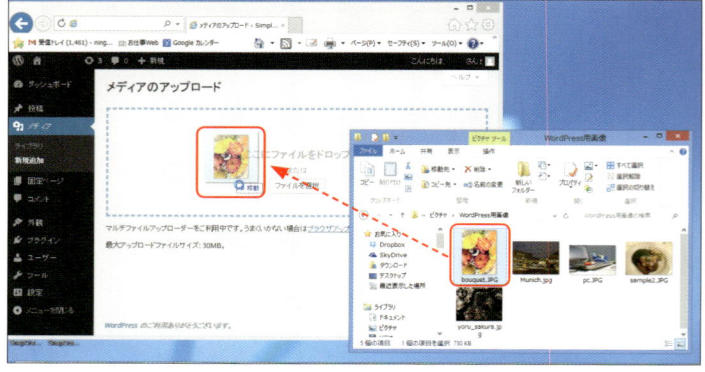

**Hint 複数の画像を追加する**

複数の画像を一度に追加したい場合は、手順3の画面で、ctrlを押しながらファイルをクリックして選択し、ドラッグ&ドロップします。

**4** 写真が追加されました。

## 2 写真をフォルダから選択して追加する

> 左ページの方法で、手順3の画面を開いています。

**1** ＜ファイルを選択＞をクリックします。

**2** 追加するファイルをクリックして、

**3** ＜開く＞をクリックするとファイルが追加されます。

### ! Hint　写真のファイルサイズ

メディアライブラリにアップロードできるファイルサイズは、最大2MBです。そのため、一眼レフで撮影した写真など、ファイルサイズの大きな画像はアップロードできないことがあります。その場合は、画像を2MB以下に縮小してからアップロードしてください。

### 📄 Memo　追加されたファイル

追加されたファイルは、メディアライブラリ（Sec.30参照）から確認することができます。

Section 29　写真をライブラリに追加しよう

第5章　サイトのページを充実させよう

# Section 30 ライブラリの写真を編集しよう

ライブラリにアップロードした写真は、サイズや向きを変更したりトリミングしたりして、編集することができます。なお、編集はその画像を使用しているすべてのページで適用されるので、一部のページの写真だけ編集をしたい場合は、新しい写真を追加するようにしましょう。

**覚えておきたいキーワード**
- ▶ トリミング
- ▶ 編集
- ▶ サイズ

## 1 写真の編集画面を開く

**Hint 写真を編集する**

メディアライブラリの編集では、無駄な余白をトリミングすることや、大きすぎる写真を小さくするといった操作を簡単に行うことができます。写真の加工はフリーソフトなどを使ってもできますが、アップロードしてから修正したい点に気づいた時などは、この機能を使うと便利です。

ダッシュボードを表示しています。

1 <メディア>にカーソルを合わせて、

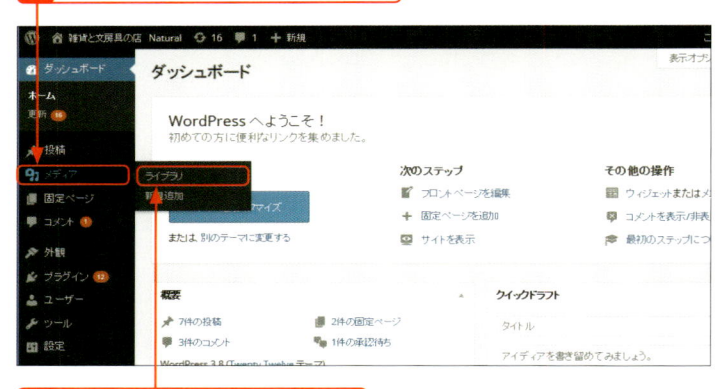

2 <ライブラリ>をクリックします。

3 編集したい写真の<編集>をクリックします。

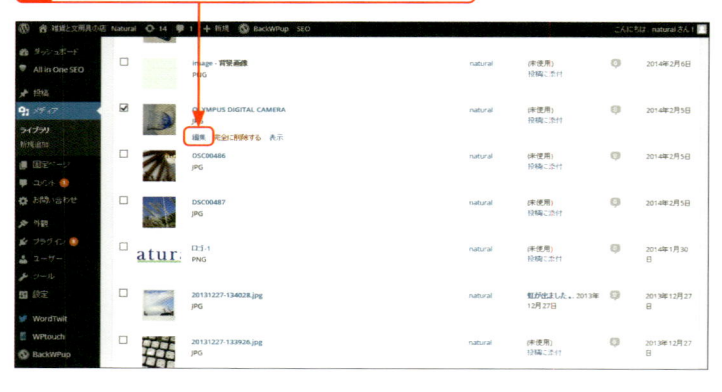

**Memo <編集>メニューを表示するには**

手順3の画面で、編集したい画像部分にカーソルを合わせると、メニューが表示されます。

**4** <画像を編集>をクリックすると、写真の編集画面を表示されます。

### Memo 画像の編集と削除

手順**4**の画面では、画像上部のタイトル欄のタイトルを編集して<更新>をクリックするとタイトルを変更できます。また、<完全に削除する>をクリックしてライブラリから画像を削除することもできます。

## 2 写真を回転・反転する

上記の手順の続きです。

**1** 任意の回転・反転ボタン（ここでは🔄）をクリックします。

**2** 画像が時計回りに回転しました。
編集を保存するには、<保存>をクリックします。

### Hint 画像の回転・反転の種類

手順**1**の画面では、画像の回転・反転の方法を、4種類のなかから選ぶことができます。

反時計回りに回転　時計回りに回転

垂直方向に反転　水平方向に反転

## 3 写真をトリミングする

### 📄 Memo　トリミングの位置調整

手順❶の画面で、トリミング範囲の枠線の上にカーソルを置き、カーソルが両向き矢印になった状態でドラッグすると、トリミング範囲を変えることができます。また、枠線の内側にカーソルを置いて、カーソルが十字になった状態でドラッグすれば、トリミングする場所を移動することが可能です。

P.93の方法で、写真の編集画面を表示しています。

**1** 写真の一部分をクリックして、

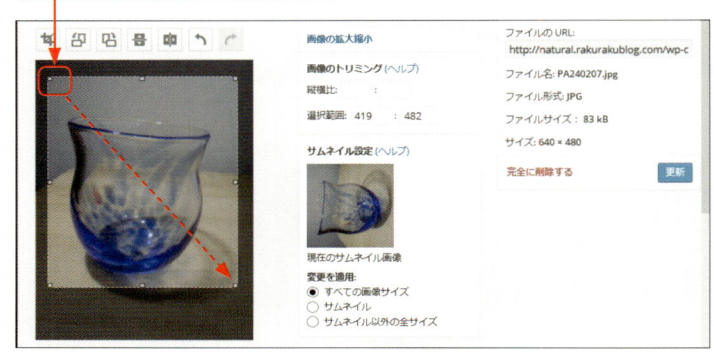

**2** そのままドラッグして、写真のトリミングしたい範囲に長方形を描きます。

**3** ✂ボタンをクリックすると、

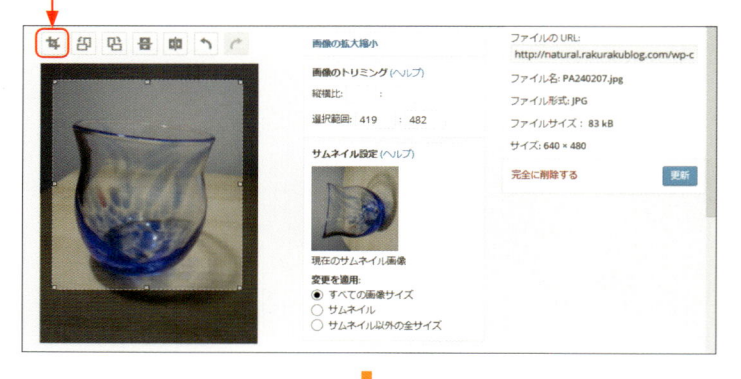

**4** 画像がトリミングされます。

**5** 編集内容を保存するには、＜保存＞をクリックします。

### 🚀 Step up　サイズを指定してトリミングする

＜画像のトリミング＞部分の＜縦横比＞に数字を入力することでもトリミングが可能です。数字を入力したあと、[Shift]を押しながら、手順❶〜❷の方法でトリミング範囲を選択すると、縦横比が保たれたまま範囲を指定できます。また、範囲選択後に＜選択範囲＞に数値を入れると、そのサイズにトリミング範囲が補正されます。

第5章　サイトのページを充実させよう

## 4 写真のサイズを縮小する

> P.93の方法で、写真の編集画面を表示しています。

**1** ＜画像の拡大縮小＞をクリックします。

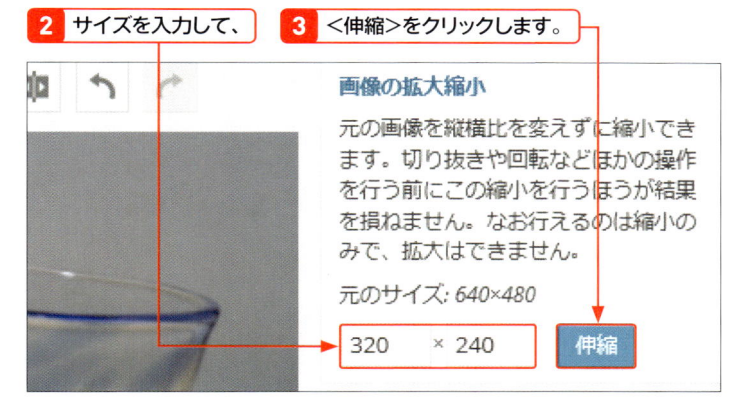

**2** サイズを入力して、

**3** ＜伸縮＞をクリックします。

**4** 写真が縮小されました。

### 📄 Memo　画像の拡大縮小

WordPressのバージョンによっては、手順**1**の部分が＜画像縮尺の変更＞となっており、クリックしなくても、手順**2**に進むことができます。その場合は、手順**3**で＜画像変更＞をクリックします。

### ❗ Hint　画像サイズを復元

サイズを変更した後でも、＜元の画像を復元＞をクリックすることで、変更前のサイズに戻すことが可能です。

## Section 31 アルバムページを作ろう

**覚えておきたいキーワード**
- ギャラリー
- キャプション
- カラム

WordPressには複数の写真を並べてアルバムのようなページを作る「ギャラリー」という機能があります。画像をきれいに整理して一覧表示できるだけなく、キャプションの追加やタイトルの変更も可能です。商品の一覧を掲載したいときなどにぜひ使ってみましょう。

### 1 ギャラリーを作成する

**Keyword ギャラリー**

ギャラリーとは、1ページに複数の写真を並べてアルバムのように表示することのできる機能です。それぞれの画像をクリックすることで、画像のページを表示することができます。

ダッシュボードを表示しています。

1 <固定ページ>にカーソルを合わせ、

2 <新規追加>をクリックします。

3 <メディアを追加>をクリックします。

**Hint ギャラリーの作成**

ここでは固定ページからギャラリーを作成していますが、同様にして、投稿にもギャラリーを挿入することができます。

**4** ＜ギャラリーを作成＞をクリックします。

**5** 使用する写真をクリックしてチェックを付け、

**6** 画像のタイトルやキャプションを入力します。

**7** ＜ギャラリーを作成＞をクリックします。

## Memo ギャラリー作成の準備

ギャラリーに載せる画像は、あらかじめメディアライブラリにアップロードしておきましょう。手順**4**の画面で新しく画像を追加したい場合は、＜ファイルをアップロード＞をクリックします。

## Hint 画像のタイトルとキャプション

手順**6**で設定するタイトルや説明は、ギャラリーの画像をクリックした際に表示されるものになります。代替テキストとは、画像が表示できない際に表示されるテキストです。

## Hint 画像の指定方法

手順**6**まで行ったら、手順**5**の方法で別の画像をクリックしてタイトル等を入力します。このように手順**5**と**6**を繰り返してギャラリーに使いたい画像を選択していきましょう。

Section 31 アルバムページを作ろう

第5章 サイトのページを充実させよう

## 📝 Memo　カラム数

手順8で設定するカラム数とは、一列に何枚の画像を並べるか、という数字です。

## 📝 Memo　順序の変更

手順8の画面で、写真をドラッグすると、写真の順序を変更することができます。

## 📝 Memo　写真の削除

手順8の画面で、写真にカーソルを合わせると表示される＜×＞をクリックすると、ギャラリーから画像を削除することができます。

## ❗ Hint　写真をランダム表示する

手順9の画面で、＜ランダム＞にチェックを入れると、ギャラリー写真の順序がランダムに表示されるようになります。

---

**8** カラム数を選択します。

⬇

**9** ＜ギャラリーを挿入＞をクリックします。

⬇

**10** 固定ページのタイトルを入力して、

**11** ＜公開＞をクリックすると、ギャラリーが挿入されたページが作成されます。

## 2 ギャラリーの写真を確認する

左ページの手順の続きです。

**1** ＜固定ページを表示する＞をクリックします。

**2** 見たい写真をクリックします。

**3** ギャラリーの写真が表示されました。

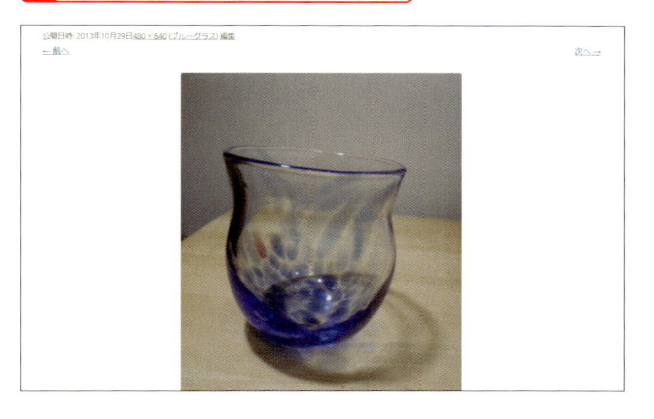

---

**Memo ギャラリーの編集**

一度ギャラリーを挿入した後に、ギャラリーの編集をする場合は、手順**1**の画面で、ギャラリー挿入部分をクリックして、編集ボタンをクリックします。

**Hint ギャラリーの削除**

挿入したギャラリーを削除したい場合は、手順**1**の画面で、ギャラリー挿入部分をクリックして、削除ボタンをクリックします。

**Hint 次の写真を見る**

手順**3**の画面でギャラリーの写真を拡大表示した状態で、画面の左右にある＜次へ＞＜前へ＞をクリックすると、ギャラリーの次の写真や前の写真に移動することができます。

## Section 32 YouTubeの動画をページに掲載しよう

**覚えておきたいキーワード**
- 埋め込み
- テキストエディタ
- 埋め込みコード

固定ページや投稿には、YouTubeの動画を掲載することができます。ページに埋め込むことで、サイトから離れることなく動画を再生できるようになり、便利です。プロモーション用のビデオなどを作成した場合には、ぜひ活用したい機能です。

### 1 ページに動画を掲載する

**Keyword テキストエディタ**

YouTubeの動画やGoogleマップ(Sec.33参照)をページに埋め込む際は、テキストエディタを使用します。テキストエディタはコードを使ってページを作成できる機能です。本書では、テキストエディタにコードをコピー&ペーストするだけで動画や地図を埋め込む方法を解説します。

1 ウェブブラウザでYouTube (http://www.youtube.com/) にアクセスし、

2 ページに埋め込みたい動画を検索します。

3 埋め込みたい動画をクリックして表示し、<共有>をクリックして、

4 表示されるコードをコピーします。

**Step up 動画の開始時間を設定する**

手順4の画面で、コード右横の<開始位置>で時間を設定すると、動画をその時点から再生するようにして、埋め込むことができます。

**5** WordPressのダッシュボードを表示し、<新規固定ページを追加>画面を表示します。

**6** <テキスト>をクリックします。

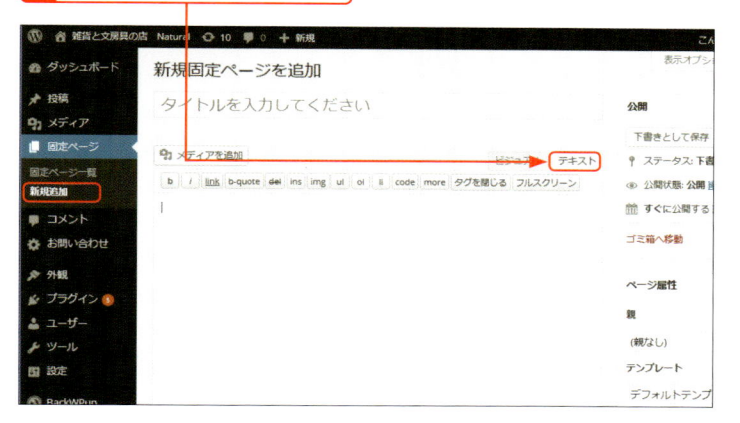

**7** 手順④でコピーしたコードを貼り付けます。

**8** タイトルと本文を入力して、

**9** <公開>をクリックすると、ページに動画が埋め込まれます。

---

### 📄 Memo　YouTubeに動画をアップする

自分が作った動画をページ上で紹介する場合は、一度YouTubeに動画をアップして、その動画をページに埋め込みます。YouTubeのトップ画面の<ログイン>からログインして、アップロードを行います。なお、YouTubeにログインするには、Googleアカウントが必要です。

### ❗ Hint　安全な動画を使用する

掲載したい動画が、著作権法などに違反していないかは十分注意しましょう。不当にアップロードされた動画を使用してはいけません。

### 📄 Memo　動画を確認する

手順⑧の画面で<プレビュー>をクリックすると、動画をきちんと掲載できているか確認することができます。動画の再生方法については、P.103を参照してください。

## 2 動画の表示サイズを変更して掲載する

YouTubeで共有したい動画を表示しています。

**1** <共有>をクリックして、

**2** <埋め込みコード>をクリックします。

### !Hint 関連動画の表示

手順**2**の画面で、<動画が終わったら関連動画を表示する>のチェックを外すと、サイト上で再生された動画の終了後に関連動画が表示されなくなります。

**3** <動画のサイズ>をクリックしてサイズを選択します。

### Step up カスタムサイズ

手順**3**で<カスタムサイズ>を選択して数字を入力すると、ここに表示されている以外のサイズを指定することも可能です。その場合は、縦横比が変わらないように注意してください。

**4** 表示されたコードをコピーして、

### !Hint 動画のサイズを指定するときの注意点

サイズが大きすぎると、WordPressの記事表示エリアからはみ出してしまう可能性があります。特にサイドバーを使用したページに動画を埋め込む場合には注意してください。

**5** P.101手順**5**～**9**の方法でページに貼り付けると、選択したサイズの動画が埋め込まれます。

## 3 掲載した動画を確認する

P.101もしくはP.102の続きです。

**1** <固定ページを表示する>をクリックします。

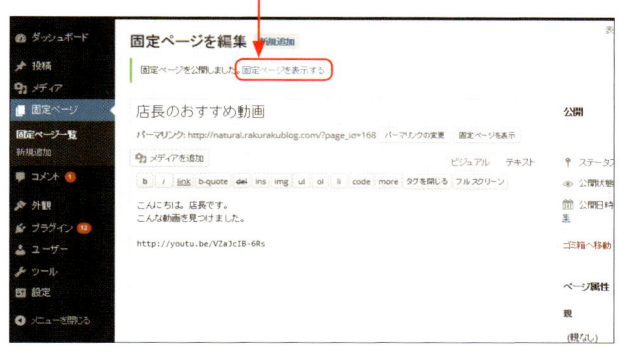

**2** 動画をクリックします。

**3** 動画が再生されます。

### Memo 動画の削除

ページや投稿上から画像を削除したい場合は、ページまたは投稿の編集画面を開き、YouTubeのコードを削除してください。

### Step up 再生中の動画の操作

再生中の動画の下部には、音量調節や停止ボタンが表示され、ここからそれぞれの操作を行うことができます。

# Section 33 ページにGoogleマップを掲載しよう

**覚えておきたいキーワード**
- ▶ Googleマップ
- ▶ 埋め込み
- ▶ HTMLコード

店舗案内のページなど、ページ上で場所の説明をしたいときには、Googleマップを掲載すると便利です。サイトの訪問者はページ上で正確な地図を確認できるだけでなく、Googleマップに移動して、より詳しい地図を確認することも可能です。

## 1 ページに地図を掲載する

**Memo　Googleマップをページに埋め込む**

Googleマップをページに埋め込むことで、自分で地図を用意しなくても、正確な地図を掲載することができます。また、より大きな地図を表示することもできるので、訪問者にとっても、地図の詳細が分かり、便利です。

**1** Googleマップ（https://maps.google.co.jp）にアクセスして、

**2** ページに掲載したい地図の住所を検索します。

**3** ⚙ をクリックして、

**4** ＜地図を共有/埋め込む＞をクリックします。

**Hint　検索予測を使用する**

手順**2**で検索したい住所を入力すると、予測される住所や場所名の候補が入力欄下部に表示されます。候補をクリックすると、その場所の地図が表示されます。

**5** <地図を埋め込む>をクリックして、

**6** コードをコピーします。

**7** WordPressのダッシュボードを表示し、<新規固定ページを追加>画面を表示します。

**8** <テキスト>をクリックし、

**9** 手順6でコピーしたコードを貼り付けます。

**10** タイトルと本文を入力して、

**11** <公開>をクリックすると、ページに地図が掲載されます。

---

### ! Hint　地図のサイズを変更する

手順**5**の画面で、コードの左にある<中>をクリックすると、地図のサイズを選ぶことができます。また<カスタムサイズ>をクリックすると任意のサイズを設定できます。

### Memo　地図のサイズに注意する

ページに使用しているテンプレートによっては、地図のサイズが大きすぎるなどの問題が起こるかもしれません。地図を掲載したら、ページのプレビューを確認しておきましょう。

### Memo　ページに埋め込まれた地図を確認する

手順**11**のあと、ページを表示すると、地図が掲載されているのを確認できます。この地図の<Googleマップで見る>をクリックすると、Googleマップのページに移動し、より大きな地図を見ることができます。

## Section 34 コメント欄を非表示にしよう

> **覚えておきたいキーワード**
> ▶ コメント欄
> ▶ 一括操作
> ▶ 固定ページ一覧

固定ページでフロントテンプレート以外のテンプレート（Sec.20参照）を使用した場合には、ページの下部にコメント欄が表示されます。コメントを受けつける必要のないページは、コメント欄を非表示にしましょう。非表示にするには、固定ページの一括操作画面から設定します。

### 1 コメント欄を一括で非表示にする

**Memo 一部のページでコメント欄を非表示にする**

固定ページ作成時に＜フロントページテンプレート＞を作成した場合、コメント欄ははじめから表示されません。それ以外のテンプレートでコメント欄を使用したくない時にこの操作を行います。なお、一部のページだけでコメント欄を非表示にしたい場合には、手順3で該当ページのチェックボックスのみにチェックを入れて、手順4以降の操作をしてください。

ダッシュボードを表示しています。

1 ＜固定ページ＞にカーソルを合わせ、

2 ＜固定ページ一覧＞をクリックします。

3 ＜タイトル＞の横にあるチェックボックスにチェックを入れます。

**Hint 投稿でのコメント非表示**

投稿一覧の一括編集（Sec.56参照）でも、この節で解説する方法と同様の手順で、コメントを非表示にすることが可能です。

**4** <一括操作>をクリックして<編集>を選択し、

**5** <適用>をクリックします。

**6** <コメント>部分の<―変更なし―>をクリックして<許可しない>を選択します。

**7** <更新>をクリックすると、コメント欄が非表示になります。

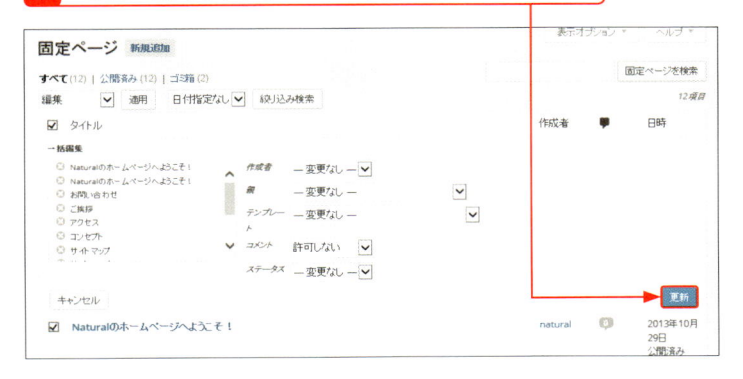

## Step up 一括操作でできること

一括操作では、コメントを許可するかどうかに加えて、「公開」や「下書き」などのページのステータスやテンプレートなどを変更することができます。

## Memo 一括操作するページを変更する

手順**6**の画面で、<一括編集>の下に、編集の対象となるページの名前が表示されています。編集したくないページは、ページの名前の左の<×>をクリックすることで、編集の対象から外すことができます。

## Hint コメント欄を表示する

コメント欄を再度表示したい場合には、同様の操作で、手順**6**で<許可する>を選択してください。

Section 34 コメント欄を非表示にしよう

第5章 サイトのページを充実させよう

## Section 35 サイドバーをカスタマイズしよう

覚えておきたいキーワード
▶ ウィジェット
▶ サイドバー
▶ 全幅ページテンプレート

WordPressのサイドバーには、「ウィジェット」を使って過去記事へのリンクやお知らせなどを表示することができます。表示する項目や表示方法、順序などは自由に設定できるので、自分のサイトに合わせて、便利になるようにカスタマイズしましょう。

### 1 サイドバーに表示する項目を選択する

**Memo ウィジェットとは**

ウィジェットとは、サイドバーの項目を設定するための機能です。ここで項目を選択することで、各種の情報をサイドバーに表示できるようになります。

**Memo サイドバーの表示**

サイドバーの表示位置は、使用するテーマによって異なります。また、固定ページでは、テンプレートの設定によってはサイドバーが表示されないこともあります。

**Hint 主なウィジェットの種類**

① 検索
サイト内を検索します。
② カレンダー
月別のカレンダーを表示します。
③ テキスト
文字やHTMLを自由に入力できます。
④ カスタムメニュー
サイト上部に表示させているメニューを、サイドバーにも表示します。
⑤ 最近の投稿
直近の投稿を一覧で表示します。

ダッシュボードを表示しています。

**1** <外観>にカーソルを合わせ、

**2** <ウィジェット>をクリックします。

**3** 使用する項目（ここでは「カレンダー」）を「利用できるウィジェット」から、「メインサイドバー」へドラッグします。

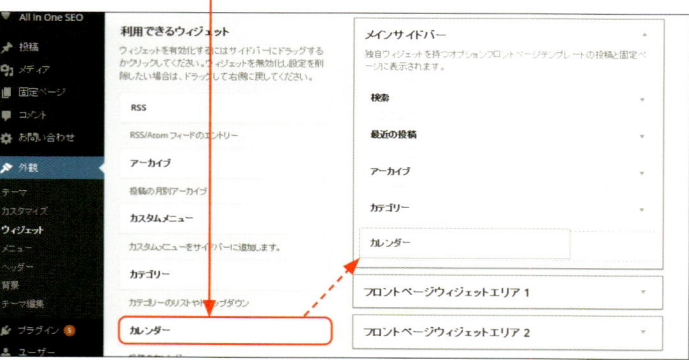

**4**「タイトル」にページ上で表示するタイトルを入力します。

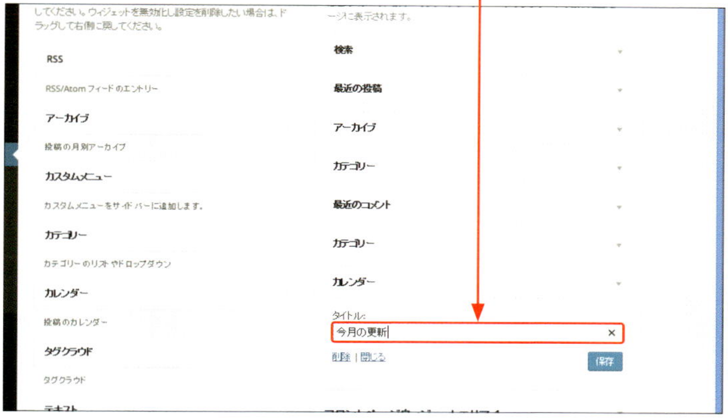

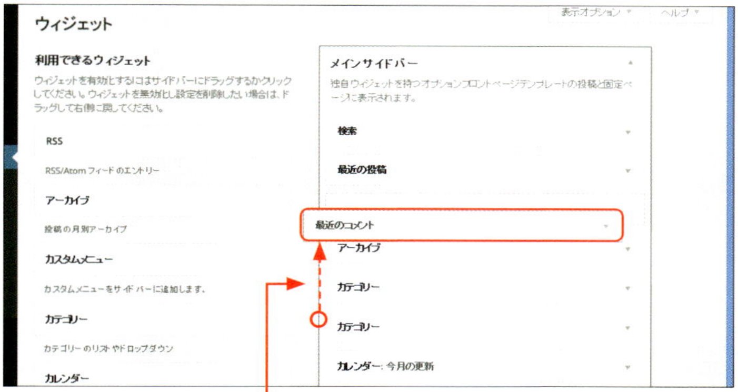

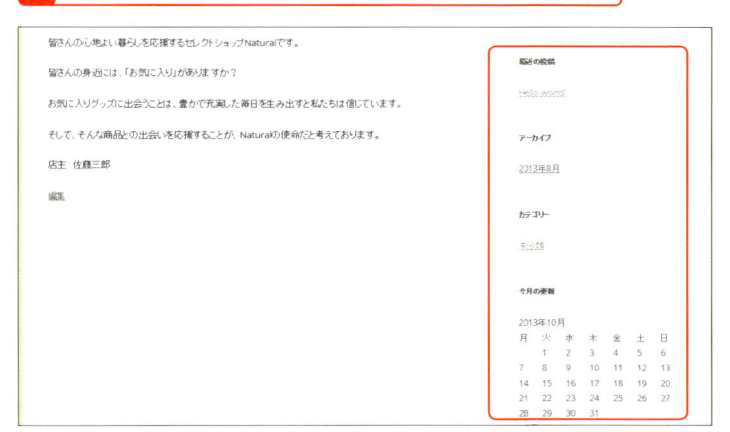

> **Memo ウィジェットのタイトルを表示させない**
>
> ウィジェットのタイトルをページ上で表示させたくない場合は、手順**4**で、タイトル欄を空欄にしておきましょう。

**5**「メインサイドバー」のウィジェットをドラッグして並べ替えます。

**6** ページを表示すると、サイドバーの編集が反映されています。

> **Memo 使わない項目を削除する**
>
> メインサイドバーには、初期設定でいくつかのウィジェットが入っています。使用しない場合には、手順**5**の画面で、＜利用できるウィジェット＞の枠内にドラッグしてください。

Section 35 サイドバーをカスタマイズしよう

第5章 サイトのページを充実させよう

109

## Section 36 ページにパスワードをかけよう

> **覚えておきたいキーワード**
> ▶ パスワード
> ▶ 保護
> ▶ 公開状態

固定ページや投稿にパスワードを設定すると、そのページに書かれた内容はパスワードを知っている人しか見ることができなくなります。これにより、特定の人だけに公開するページを作成することが可能です。会員ページなどを作る際に、ぜひ使いたい機能です。

### 1 ページにパスワードを設定する

**Hint パスワード付きのページ**

パスワード付きのページは、お店や会社の限られた顧客にのみ公開するページなどとして使用できます。また、今すぐには公開したくないページを、いったんパスワード付きのページにするという使い方も可能です。

**Memo 投稿にパスワードをかける**

投稿の場合でも、投稿の追加（または編集）の画面右上にある「公開」の部分で、この節と同様の操作をすることで、パスワードをかけることができます。

**Hint ページのステータス**

手順3の画面ではページのステータスを編集できます。「ステータス」の右の＜編集＞をクリックすることで、公開や下書きといったステータスの変更が可能です。

固定ページの新規作成画面を表示しています。

**1** タイトルおよび本文を入力して、

**2** 「公開状態」の＜編集＞をクリックします。

**3** ＜パスワード保護＞をクリックしてオンにし、

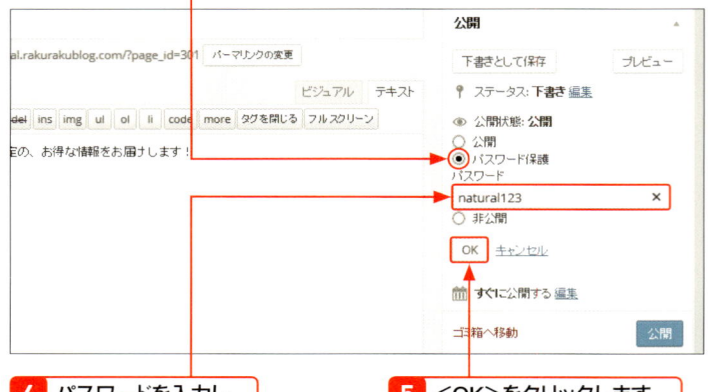

**4** パスワードを入力し、

**5** ＜OK＞をクリックします。

*第5章 サイトのページを充実させよう*

**6** ページにパスワードが設定されます。

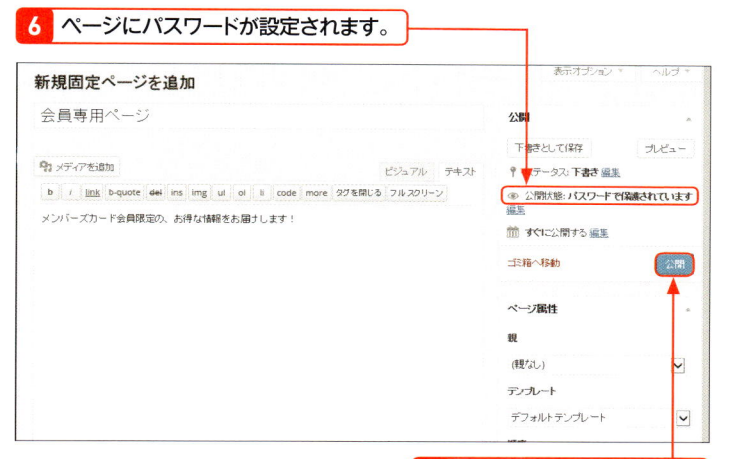

**7** <公開>をクリックします。

## 2 パスワード付きのページを見る

WordPressからログアウトして、パスワードが設定されたページを表示しています。

**1** パスワードを入力して、

**2** <送信>をクリックします。

**3** パスワードを設定したページが表示されました。

### Hint パスワードの設定されたページ

パスワードを設定したページは、固定ページ一覧で「パスワード保護」と表示されます。

### Hint 入力したパスワードを確認する

パスワードが正しく入力できているかどうか確認したい場合には、入力欄右側のアイコンをクリックすると、クリックしている間だけ文字列が表示されます。

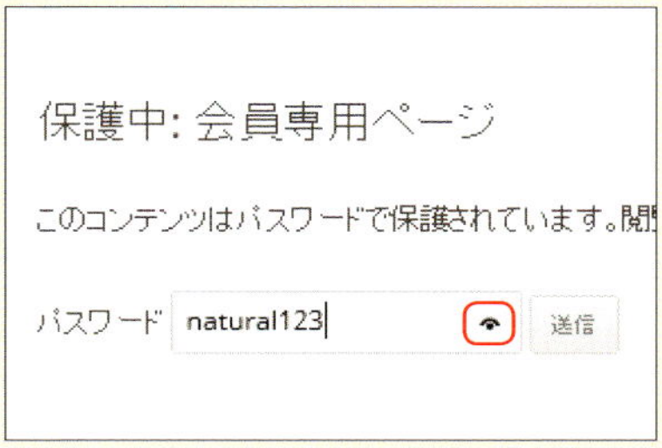

### Memo パスワードの変更と削除

パスワードの変更をする場合は、ページの編集画面で、P.110手順**4**の方法で、新しいパスワードを入力して<OK>をクリックします。またこのとき、P.110手順**3**の方法で<公開>を選んで<OK>をクリックすると、パスワード保護が解除されます。

Section 36 ページにパスワードをかけよう

第5章 サイトのページを充実させよう

111

## Section 37 作成済みのページを編集しよう

作成したページは、あとから編集することができます。ページごとに個別に編集するだけでなく、複数のページをまとめて設定変更する方法など、手軽に編集を行う方法などが用意されています。編集したい内容に合わせて、使いやすい編集方法を選びましょう。

**覚えておきたいキーワード**
- ▶ 一括操作
- ▶ 編集
- ▶ 更新

### 1 ページごとに編集する

**Memo ページの編集画面を開く**

手順3の画面で、編集したいページのタイトルをクリックしても、編集ページが開きます。

ダッシュボードを表示しています。

1. ＜固定ページ＞にカーソルを合わせ、

2. ＜固定ページ一覧＞をクリックします。

3. 編集したいページの名前の上にカーソルを合わせて、

4. ＜編集＞をクリックすると、編集画面が開きます。

**Memo 編集を保存する**

ページの編集画面の使い方は、新規ページ作成時と同じです。編集が終了したら、＜更新＞ボタンをクリックしてください。

## 2 複数のページをまとめて編集する

固定ページ一覧を表示しています。

**1** 編集をするページにチェックを入れます。

### Memo ページの一括編集

記事の内容には変更がなく、作成者やステータスといった部分だけを複数の記事で変更したい場合には一括操作が便利です。

**2** ＜一括操作＞をクリックして＜編集＞をクリックします。

### Hint ページをゴミ箱に入れる

手順**2**で、＜ゴミ箱へ移動＞をクリックすると、ページをゴミ箱に移すことができます。ゴミ箱に入れられたページは非公開となりますが、完全に削除されたわけではありません。

**3** 設定の変更を行って、

### Hint ページの属性ごとに一覧表示する

手順**1**の画面で、画面上部の＜公開済み＞や＜ゴミ箱＞をクリックすることで、それぞれその属性のページのみを一覧で表示することができます。

**4** ＜更新＞をクリックすると、ページの編集が完了します。

## 3 ＜クイック編集＞で編集する

### 📄 Memo　クイック編集とは

クイック編集では、固定ページのタイトルや親子ページの関係、テンプレートなどを、手早く修正することができます。

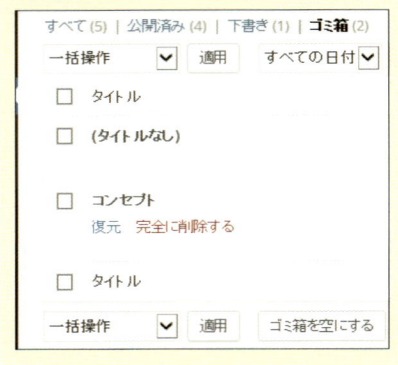

固定ページ一覧を表示しています。

**1** 編集したいページにカーソルを合わせ、

**2** ＜クイック編集＞をクリックします。

**3** 編集したい箇所を変更し、

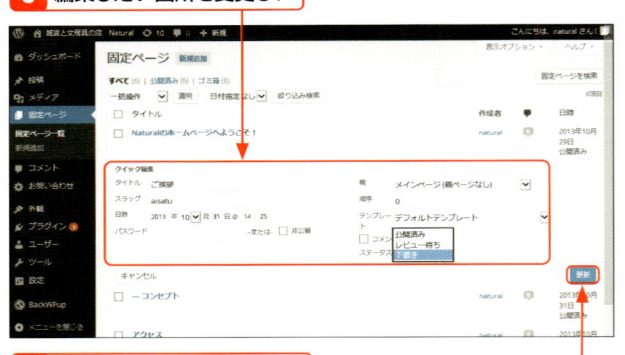

### ❗ Hint　ゴミ箱のページを削除する

手順**1**の画面で、画面上部の＜ゴミ箱＞をクリックすると、ゴミ箱に入れられたページの一覧が表示されます。完全に削除したいページにカーソルを合わせ、＜完全に削除する＞をクリックすると、ページが完全に削除されます。また、完全に削除する前であれば、＜復元＞をクリックすることで、再びページの一覧に戻ります。

**4** ＜更新＞をクリックします。

**5** 編集が完了しました。

# 第6章

# プラグインで便利な
# 機能を追加しよう

| Section 38 | ▶ | プラグインとは |
| Section 39 | ▶ | プラグインの使い方を知ろう |
| Section 40 | ▶ | サイトマップを表示させよう |
| Section 41 | ▶ | トップページにお知らせを載せよう |
| Section 42 | ▶ | メールフォームを設置しよう |
| Section 43 | ▶ | 投稿画面の機能を拡張しよう |
| Section 44 | ▶ | スパムコメント対策をしよう |
| Section 45 | ▶ | コメント欄に画像認証を設置しよう |
| Section 46 | ▶ | カテゴリーの表示順を変えよう |
| Section 47 | ▶ | サイドバーに画像付きリンクを載せよう |
| Section 48 | ▶ | プラグインを管理しよう |
| Section 49 | ▶ | 便利なプラグインの紹介 |

## Section 38 プラグインとは

WordPressには、必要に応じてさまざまな機能を追加することのできる「プラグイン」が用意されています。プラグインを使用することで、かんたんに便利な機能を追加したり、スパム対策を行ったりできるようになります。プラグインを使用して、サイトの完成度を上げていきましょう。

**覚えておきたいキーワード**
▶ プラグイン
▶ インストール
▶ 設定画面

### 1 プラグインを使用する

**Keyword プラグインとは**

プラグインとは、さまざまな機能をかんたんにWordPressへ追加することのできる仕組みです。目的に応じたプラグインを使用することで、より便利にサイト運営をすることができるようになります。

プラグインによって、便利な機能をWordPress上で使用することができます。

多くのプラグインの中から、おすすめのものなどを見ることもできます。

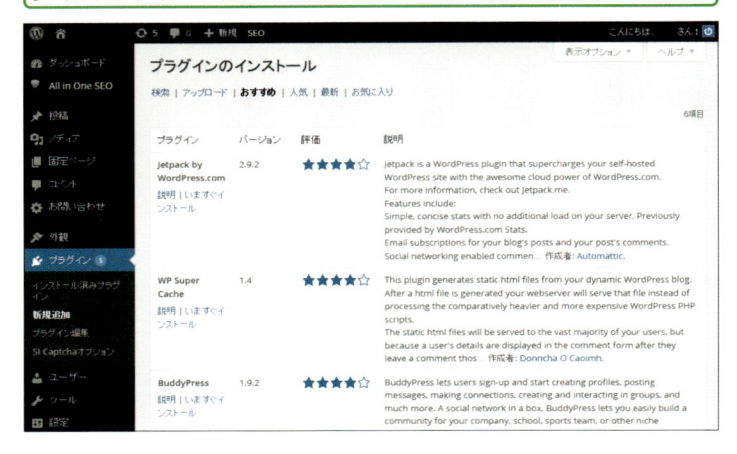

**Memo プラグインを検索する**

プラグインは日々世界中の人々によって開発され、リリースされています。プラグインはWordPress上で検索することができ、自分が使いたいプラグインや、ユーザーの評価が高いプラグインを探すことができます。詳しくは、Sec.39を参照してください。

第6章 プラグインで便利な機能を追加しよう

## 2 プラグインの使用例

### サイトマップ

「PS Auto Sitemap」というプラグインを使って、ページ上にサイトマップを表示させることができます。サイトの構造が複雑になっても、サイトマップを表示しておけば、目的のページに簡単にアクセスすることができます。詳しくはSec.40で解説します。

### サイトの更新情報

「What's New Generator」というプラグインを使って、サイトの更新情報を表示させることができます。トップページに設置しておくと、訪問者がサイトの最新情報をすぐに知ることができて便利です。詳しくはSec.41で解説します。

### メールフォーム

「Contact Form 7」というプラグインを使って、メールフォームを設置することができます。訪問者からの問い合わせをメールで受け付けられるようになり、便利です。詳しくはSec.42で解説します。

## Section 39 プラグインの使い方を知ろう

**覚えておきたいキーワード**
- プラグイン
- 検索
- インストール

プラグインは、WordPressのダッシュボード上から検索して、インストールすることで使うことができるようになります。あらかじめインストールされているプラグインもあるので、インストール済みのプラグインを確認したうえで、足りないものをインストールするとよいでしょう。

### 1 プラグインの管理画面を表示する

**Hint ステータスごとにプラグインを見る**

インストール済みプラグインのステータスには、使用中および停止中の2種類があります。これらのステータスごとにプラグイン一覧を見たい場合には、手順2の画面上部の＜使用中＞＜停止中＞などの文字をクリックしてください。

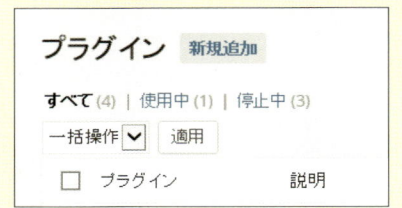

ダッシュボードを表示しています。

**1** ＜プラグイン＞をクリックします。

↓

**2** 「プラグイン」画面が表示されました。インストール済みのプラグインは、この画面に表示されます。

第6章 プラグインで便利な機能を追加しよう

## 2 プラグインを探す

左ページの手順の続きです。

**1** ＜新規追加＞をクリックします。

**2** 検索ウィンドウにキーワードを入力して、

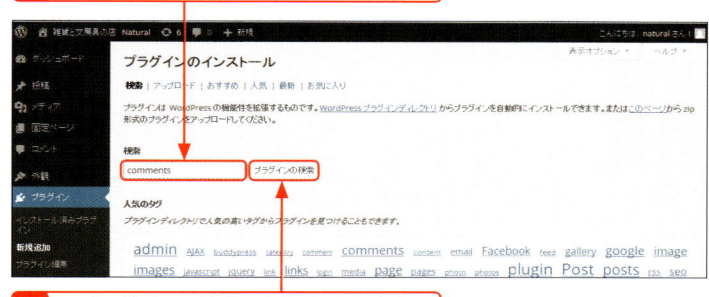

**3** ＜プラグインの検索＞をクリックします。

**4** 検索結果が表示されました。

**5** ＜いますぐインストール＞をクリックすると、プラグインのインストールが始まります。

---

### Hint　キーワードを入力して検索する

手順**2**で入力するキーワードは英語が望ましいです。また、検索したいプラグイン名が分かる場合は、プラグイン名を正確に入力するとスムーズに検索できます。

### Memo　人気のプラグインや最新プラグインを見る

手順**2**の画面で、画面上部の＜人気＞をクリックすると、ユーザーからの評価が高いプラグインを見ることができます。同様にして、＜おすすめ＞や＜最新＞をクリックして、プラグインを探すことができます。

### Hint　タグを使ってプラグインを探す

手順**2**の画面の下部に表示されている「人気のタグ」部分には、プラグインの検索に使用できるいろいろな単語が表示されています。この単語をクリックして、プラグインを検索することもできます。

## Section 40 サイトマップを表示させよう

**覚えておきたいキーワード**
- サイトマップ
- プラグイン
- 記事のID

サイトマップは、そのサイトにどのようなページがあるかという全体像を示すものです。サイトマップを用意することで訪問者が目的のページを探しやすくなります。プラグインを使えば、簡単にサイトマップを表示させることができるので、ぜひ導入してみましょう。

### 1 サイトマップを表示するページを作成する

**Memo　サイトマップの設置**

サイトマップを設置するためには、まず、サイトマップを表示する固定ページを用意します。その上で、プラグインを設定し、コードを固定ページに埋め込むことで、サイトマップを設置できます。

1 ＜固定ページ＞にカーソルを合わせ、

2 ＜新規作成＞をクリックします。

3 タイトルを入力して、

4 ＜下書きとして保存＞をクリックします。

**Hint　サイトマップ用ページの保存**

このページはまだサイトマップとして機能していない状態なので、下書きとして保存しておき、プラグインの準備をします。

第6章 プラグインで便利な機能を追加しよう

**5** <パーマリンク>に表示されているURLの「page_id=」以降の数字をメモしておきます。

### 📄 Memo ページのID

このプラグインでは、サイトマップ用に作成した固定ページのIDを使って、サイトマップを生成します。手順**5**は、パーマリンクの設定が「デフォルト」になっている場合のID確認方法です。「デフォルト」以外の設定の場合は、以下のHintの方法でIDを確認しましょう。

## 2 PS Auto Sitemapをインストールする

上記の手順の続きです。

**1** <プラグイン>にカーソルを合わせ、

**2** <新規追加>をクリックします。

↓

**3** 検索ウィンドウに「PS Auto Sitemap」と入力して、

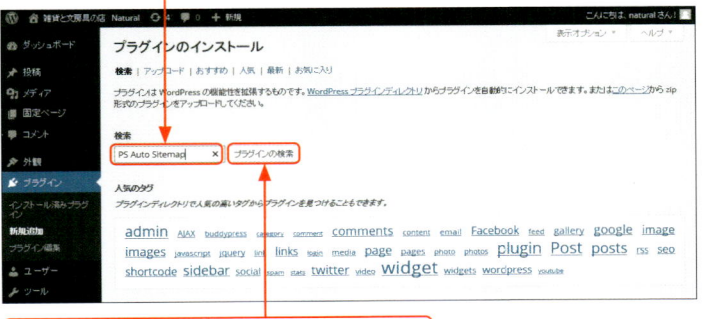

**4** <プラグインの検索>をクリックします。

### ❗ Hint ページのIDを確認する

パーマリンクの設定が「デフォルト」以外になっている場合は、固定ページ一覧で、サイトマップを表示したいページ名にカーソルを合わせます。画面左下に「http://～」から始まる文字列が表示されるので、その文字列の「post=●●●&…」の「●●●」部分を確認しましょう。この数字がページのIDとなります。

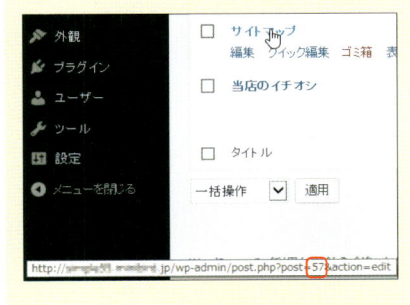

## !Hint プラグインの説明を見る

手順5の画面で、プラグイン名の下にある<説明>をクリックすると、そのプラグインの詳細な説明を見ることができます。説明は基本的に英語で書かれています。

5 「PS Auto Sitemap」の<いますぐインストール>をクリックします。

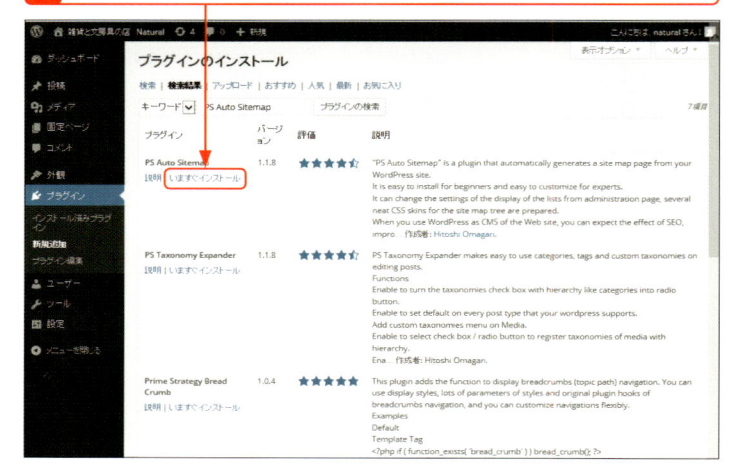

↓

6 <OK>をクリックします。

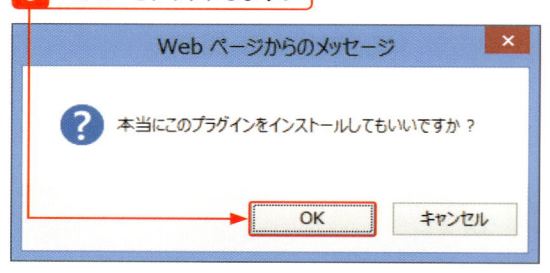

↓

7 <プラグインを有効化>をクリックします。

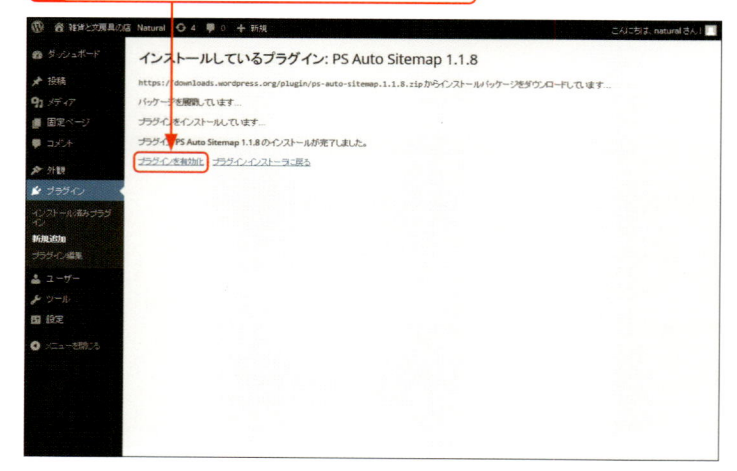

## Memo プラグインの有効化

インストールしたプラグインは、有効化することで使用できるようになります。

**8** プラグインが有効化されました。

## 3 プラグインの設定をする

上記の手順の続きです。

**1** <設定>にカーソルを合わせ、

**2** <PS Auto Sitemap>をクリックします。

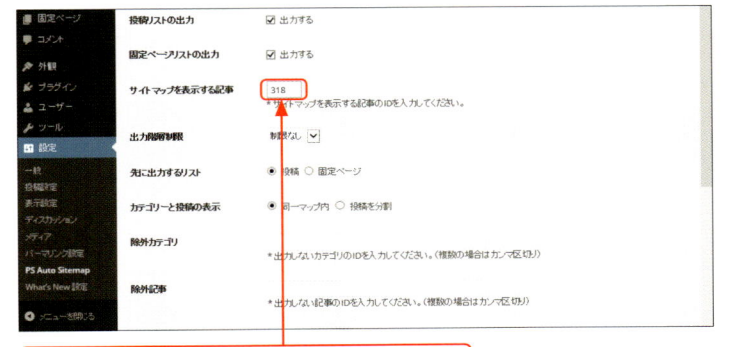

**3** <サイトマップを表示する記事>に、P.121でメモしたページのIDを入力します。

### ! Hint　インストール済みのプラグイン

インストールしたプラグインは、インストール済みプラグインの一覧に表示されるようになります。

### Memo　プラグインの設定ページ

プラグインをインストールすると、そのプラグインについての詳細を設定するためのメニューがサイドバーに追加されます。なお、追加される位置はプラグインによって異なるので注意しましょう。

### Step up　サイトマップの設定をする

手順**3**の画面では、サイトマップの表示に関する詳細な設定をすることができます。投稿と固定ページのどちらを先に出力するかといった設定や、サイトマップから除外したい投稿とページの指定などが可能です。

Section 40　サイトマップを表示させよう

第6章　プラグインで便利な機能を追加しよう

## Memo　サイトマップ用のコード

手順❻でコピーするコードは、必ず＜変更を保存＞をクリックしたあとにコピーしてください。

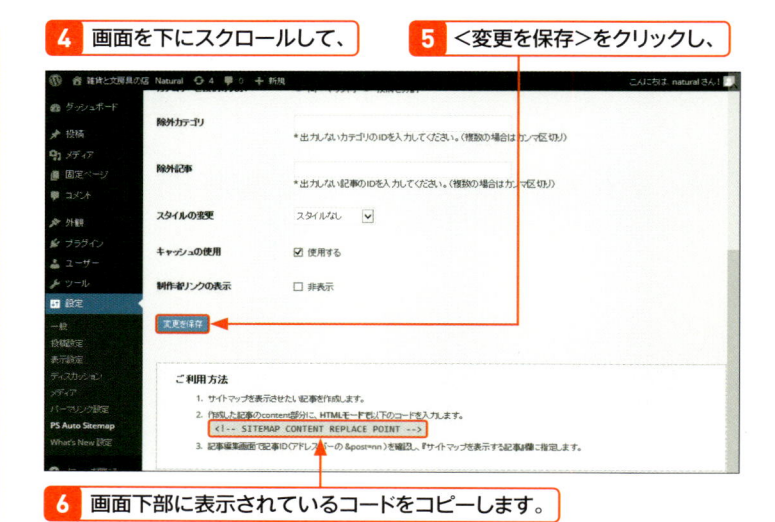

**4** 画面を下にスクロールして、

**5** ＜変更を保存＞をクリックし、

**6** 画面下部に表示されているコードをコピーします。

## 4　サイトマップ用ページの設定をする

### ! Hint　作成済みページの編集

手順❷の画面でページのタイトルをクリックすることでも編集画面を開くことができます。

上記の手順の続きです。

**1** ＜固定ページ＞をクリックします。

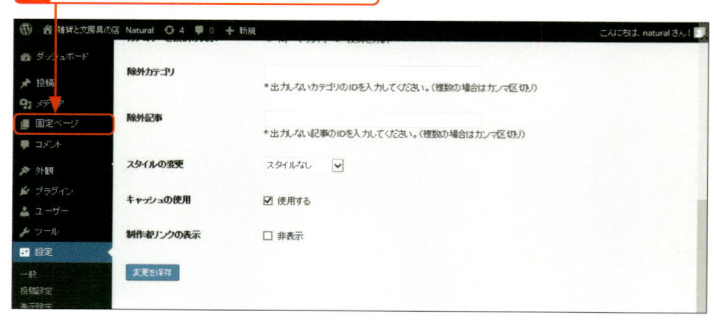

**2** P.120で作成したページの＜編集＞をクリックします。

**3** <テキスト>をクリックして、

**4** コピーしたコードを貼り付け、

**5** <公開>をクリックします。

**6** <固定ページを表示する>をクリックします。

**7** サイトマップが自動的に作成されたことが確認できます。

## Memo 下書きページを公開する

P.120で作成したページは下書き状態で保存していましたが、手順**5**のように、下書き状態のページを編集して、<公開>をクリックすることで、ページが公開されます。

## Memo サイトマップから各ページに移動する

手順**7**で表示されているサイトマップの各ページ名や投稿名をクリックすると、そのページに移動することができます。

## Memo サイトマップの更新

一度サイトマップを設置すると、以後、ページや投稿を追加した際にも自動的に反映されます。また、サイトマップの表示の設定を変更したい場合は、P.123手順**1**からの方法でプラグインの設定画面を開き、設定を変更し、<変更を保存>をクリックします。再度コードを貼り付ける必要はありません。

Section 40 サイトマップを表示させよう

第6章 プラグインで便利な機能を追加しよう

# Section 41 トップページにお知らせを載せよう

**覚えておきたいキーワード**
- お知らせを
- プラグイン
- 新着記事

トップページにサイトの更新情報を載せることで、サイトの訪問者に最新の情報を分りやすく伝えることができます。ここでは、「What's New Generator」というプラグインを使用して、トップページにお知らせを表示する方法を解説します。

## 1 What's New Generatorをインストールする

**Memo 更新情報を掲載する**

「What's New Generator」を使用すると、トップページにかんたんに更新情報を掲載することができます。どのような情報を掲載するかなどの詳細な設定も可能です。

P.119の方法で、「What's New Generator」を検索しています。

1. 「What's New Generator」の<いますぐインストール>をクリックします。

2. <OK>をクリックします。

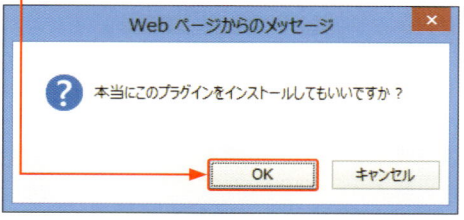

3. <プラグインを有効化>をクリックします。

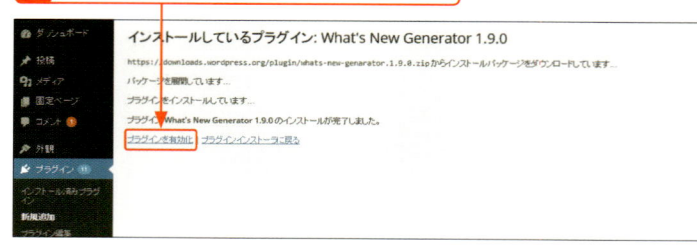

第6章 プラグインで便利な機能を追加しよう

**4** プラグインが有効化されました。

## Memo プラグイン一覧画面

プラグインの有効化が終了すると、自動的にインストール済みのプラグインの一覧画面に切り替わります。

## 2 プラグインの設定をする

上記の手順の続きです。

**1** ＜設定＞にカーソルを合わせて、

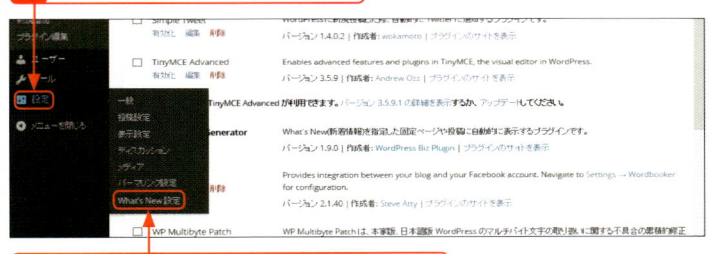

**2** ＜What's New 設定＞をクリックします。

## Memo What's New Generator設定

＜What's New 設定＞は、プラグインをインストールすると表示されるようになります。

**3** タイトルの色や表示件数を設定して、

**4** ＜変更を保存＞をクリックします。

## Hint 表示設定について

手順**3**の画面では、更新情報として表示するコンテンツを、「投稿」、「固定ページ」、「投稿＋固定ページ」から選ぶことができます。また、表示する順序を「公開日順」と「更新日順」から選ぶことができます。設定した順序にしたがって、固定ページや投稿のタイトルが、お知らせの部分に表示されるようになります。

Section 41 トップページにお知らせを載せよう

第6章 プラグインで便利な機能を追加しよう

## Step up　カテゴリーを指定して表示する

手順 5 の「表示するコンテンツ」で「投稿」または「投稿＋固定ページ」を選んだ場合、投稿の特定のカテゴリーのみを表示させるように設定することができます。「カテゴリーのスラッグ」部分に、表示させたいカテゴリーのスラッグを入力すると、そのカテゴリーの投稿のみが、更新情報として表示されます。カテゴリーとスラッグについては、詳細は第7章を参照してください。

**5** 表示されたコードをコピーします。

## 3　コードをページに追加する

### Memo　コードを追加するページ

ここで生成したコードは、サイトのトップページに設置します。あらかじめ固定ページを利用してサイトのトップページを作成しておいてください（Sec.20 参照）。

上記の手順の続きです。

**1** ＜固定ページ＞にカーソルを合わせて、

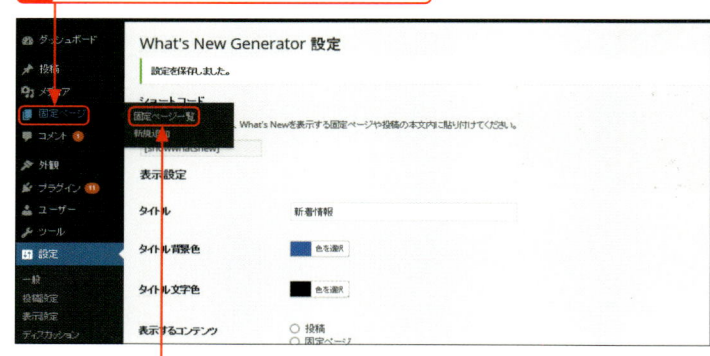

**2** ＜固定ページ一覧＞をクリックします。

**3** トップページの＜編集＞をクリックします。

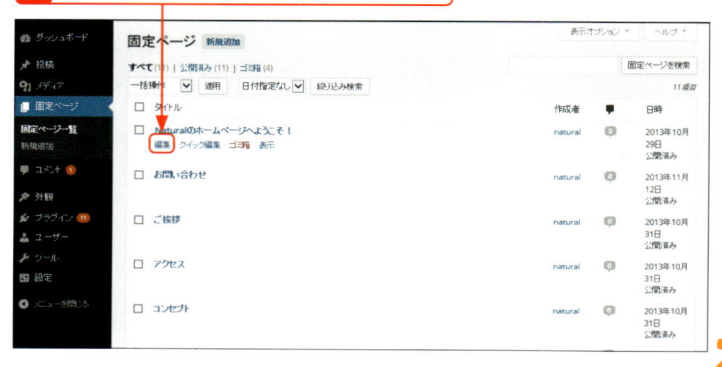

### Memo　ページの編集メニュー

手順 3 の画面で、編集したいページタイトルにカーソルを合わせると、＜編集＞などのメニューが表示されます。また、ページタイトルをクリックしても、編集画面を開くことができます。

## Section 41 トップページにお知らせを載せよう

**4** <テキスト>をクリックして、

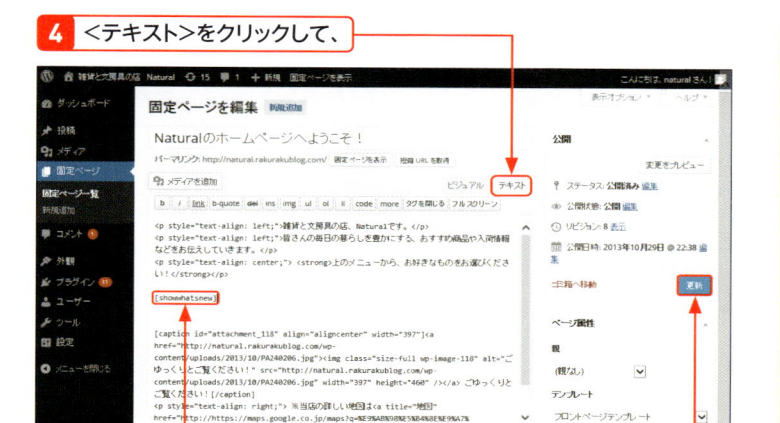

**5** お知らせを表示したい位置にコードを貼り付けて、

**6** <更新>をクリックします。

**7** <固定ページを表示する>をクリックします。

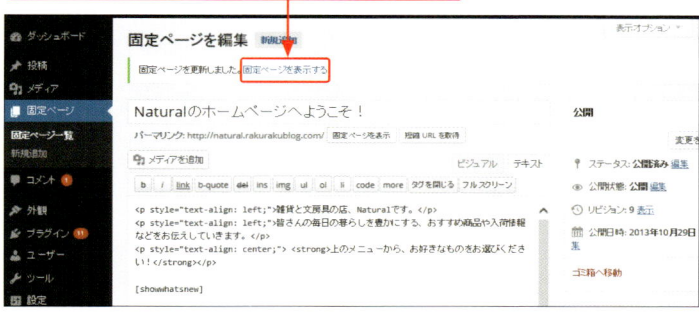

**8** お知らせが表示されました。

### 📝 Memo テキストエディタの表示

手順**4**でテキストエディタに切りかえると、すでにこのページに入力していたテキストや画像が、コードとして表示されます。このコードの文字列を変更してしまうとテキストなどが正常に表示されなくなるので、プラグインのコードを貼り付ける以外のことはしないようにしましょう。

### ❗ Hint 更新情報の設定の変更

更新情報の表示方法などを変更したい場合は、P.127手順**1**からの方法でプラグインの設定画面を開き、設定を変更して、再度コードを貼り付けます。

第6章 プラグインで便利な機能を追加しよう

## Section 42 メールフォームを設置しよう

サイトにメールフォームを設置すると、メールアドレスを掲載することなくサイト訪問者からの連絡を受け取ることができるようになります。フォームから送信されたメッセージはWordPressインストール時に入力したメールアドレスに届きますが、変更することも可能です。

**覚えておきたいキーワード**
▶ メールフォーム
▶ 問い合わせ
▶ コード

### 1 Contact Form 7をインストールする

**Hint 検索時の注意点**

このプラグインは類似した名前のプラグインが多く、名前の一部で検索した場合などはなかなか見つからなくなってしまいます。「Contact Form 7」と、大文字小文字の区別も含めて正確に入力して検索してください。

P.119の方法で、「Contact Form 7」を検索します。

1 「Contact Form 7」の<いますぐインストール>をクリックします。

2 <OK>をクリックします。

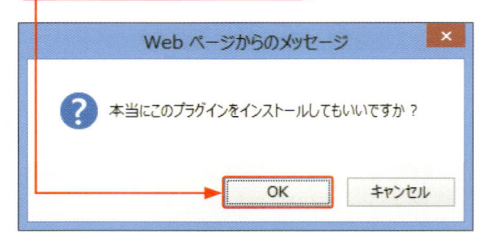

3 <有効化>をクリックします。

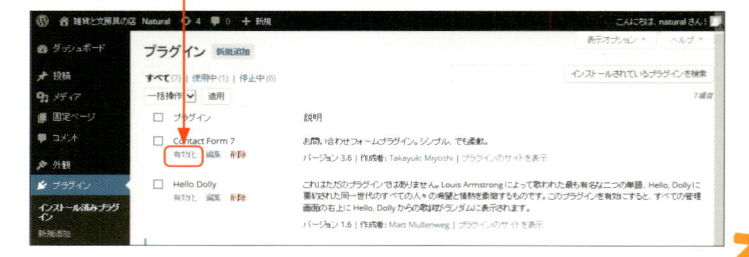

第6章 プラグインで便利な機能を追加しよう

**4** プラグインが有効化されました。

## 2 メールフォームを設定する

上記の手順の続きです。

**1** ＜お問い合わせ＞をクリックします。

**2** ＜コンタクトフォーム1＞をクリックします。

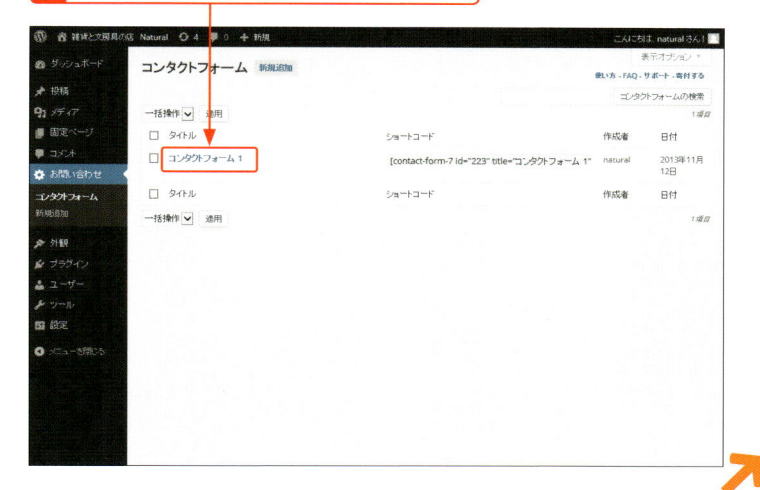

> **Hint 使用中と停止中のプラグインの区別**
>
> インストール済みのプラグインの一覧画面では、背景が青くなっているのが使用中のプラグイン、白いものが停止中のプラグインとなっています。

> **Hint 設定メニューの表示位置**
>
> ＜お問い合わせ＞メニューは、プラグインを有効化すると作成され、＜外観＞の上に表示されます。

Section 42 メールフォームを設置しよう

第6章 プラグインで便利な機能を追加しよう

131

## ! Hint メールフォームを編集する

手順3の画面で、コードの下部の＜フォーム＞をクリックすると、メールフォームの要素を編集することができます。デフォルトでは、名前、メールアドレス、題名、メッセージ本文が要素として入っていますが、＜タグの生成＞をクリックして、他の要素も加えることができます。このとき、＜必須入力の項目ですか？＞にチェックを入れると、その項目が入力必須として表示されます。

## ! Hint メール受信のお知らせメール

手順3の画面の「メール」部分では、メールフォームを経由してメールが届いた旨をお知らせするメールの設定をすることができます。お知らせのメールの宛先として、デフォルトではWordPressに登録したメールアドレスが入っていますが、＜宛先＞部分で変更することができます。

## ! Hint メール送信後のメッセージ

手順3の画面の下に、「メッセージ」という部分があります。ここでは、お問い合わせフォームでメールを送信したあとに表示されるメッセージを設定できます。正常に送信できたときや失敗したときなど、状況に合わせてコメントを作り直すことができます。

**3** 表示されているコードをコピーします。

**4** ＜固定ページ＞にカーソルを合わせて、

**5** ＜新規追加＞をクリックします。

**6** タイトルを入力して、

**7** ＜テキスト＞をクリックして、

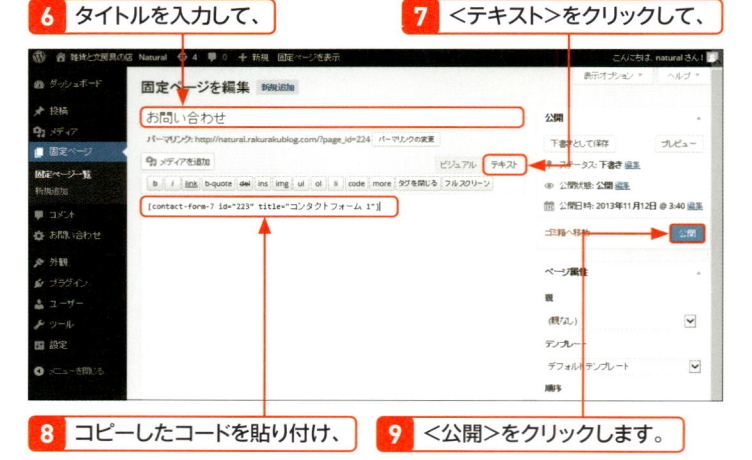

**8** コピーしたコードを貼り付け、

**9** ＜公開＞をクリックします。

**10** <固定ページを表示>をクリックします。

**11** 問い合わせフォームが設置されています。

**12** メールフォームにメッセージなどを記入して<送信>をクリックすると、WordPressに登録したメールアドレスにメールが届きます。

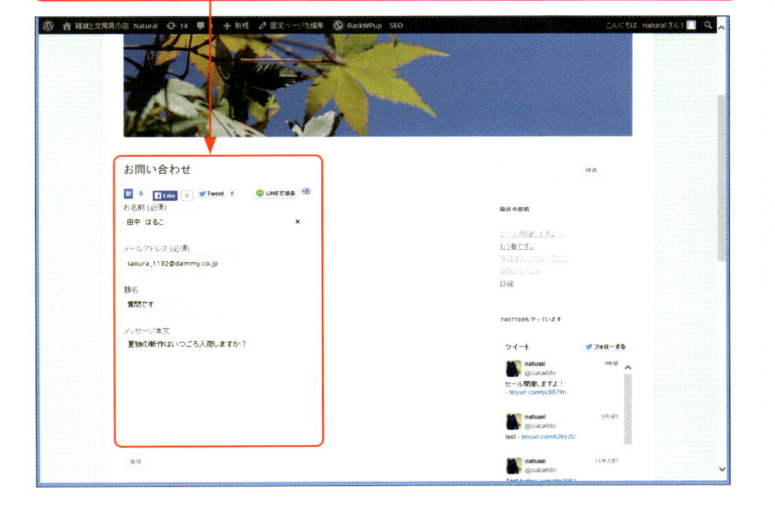

### Memo テキストを入力する

コンタクトフォームの使い方や、返信について訪問者に伝えたいことがある場合は、コンタクトフォームの上部に記載しておくとよいでしょう。

### Hint お問い合わせフォームの編集

お問い合わせフォーム設置後、フォームの内容を変えたい場合は、P.131手順①からの方法で、コンタクトフォーム1の設定画面を開き、編集をして、<保存>をクリックして、再度コードを貼り付けます。

Section 43

# 投稿画面の機能を拡張しよう

固定ページや投稿のビジュアルエディタは、文字の装飾やリンクの挿入ができるボタンが用意されています。このボタンの種類を増やし、さまざまな設定ができるようにするためのプラグインが「TinyMCE Advanced」です。自分が使いやすい機能を選んで追加しましょう。

● 覚えておきたいキーワード
▶ 装飾
▶ ビジュアルエディタ
▶ TinyMCE Advanced

## 1 TinyMCE Advancedをインストールする

**Memo 投稿画面の機能を増やす**

通常のビジュアルエディタでは、入力した文字を太字や斜体にすることや、色を変更すること、「続きを読む」タグを挿入することなどができますが、「TinyMCE Advanced」の利用によって機能をさらに増やすことが可能です。

ダッシュボードを表示しています。

1 <プラグイン>にカーソルを合わせ、

2 <新規追加>をクリックします。

3 検索ウィンドウに「TinyMCE Advanced」と入力して、

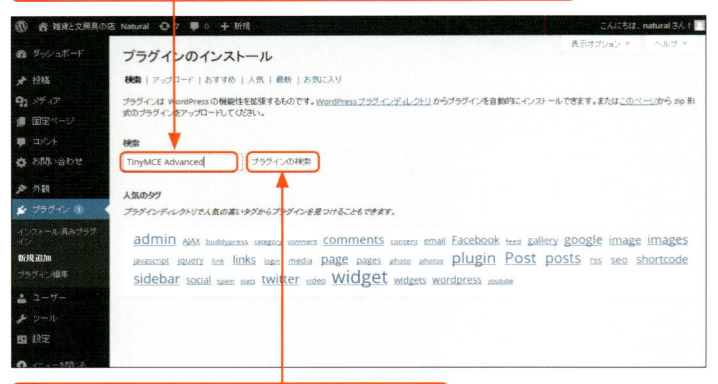

4 <プラグインの検索>をクリックします。

第6章 プラグインで便利な機能を追加しよう

**5** 「TinyMCE Advanced」の＜いますぐインストール＞をクリックします。

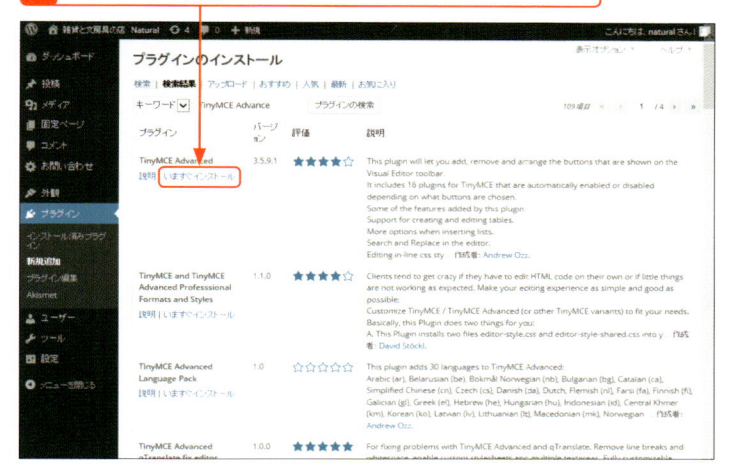

**6** ＜OK＞をクリックします。

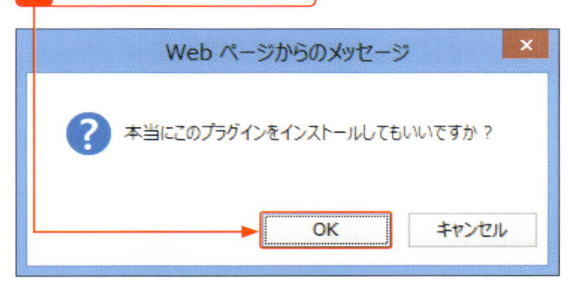

**7** ＜プラグインを有効化＞をクリックすると、プラグインが有効化されます。

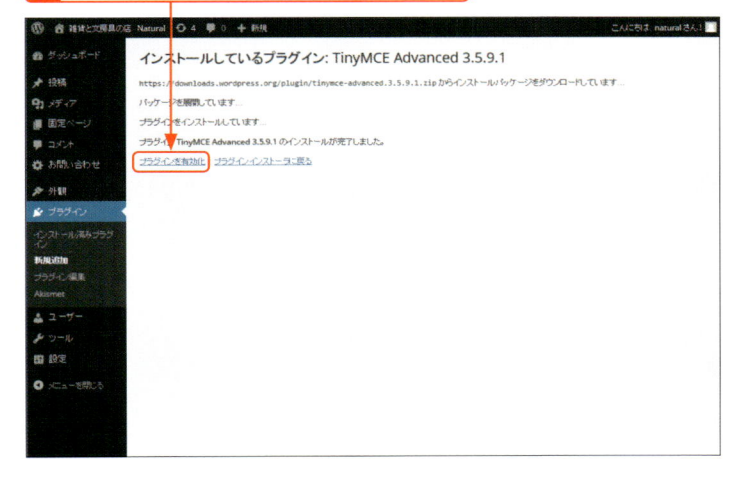

---

### ! Hint 文字装飾を使用するメリット

サイト内の文章に、適度な装飾を加えることでメリハリのある読みやすいページを作成することができます。

### ! Hint WordPressでの文字装飾

通常のウェブサイトでは、文字を装飾するためにはHTMLタグを自分で入力する必要がありますが、WordPressのビジュアルエディタはそういった専門知識がなくても簡単にさまざまな文字装飾を加えることができます。

---

Section 43 投稿画面の機能を拡張しよう

第6章 プラグインで便利な機能を追加しよう

## 2 使用する項目を選択する

### Memo プラグインの設定項目

TinyMCE Advancedの設定メニューは、ダッシュボードのサイドバーメニュー<設定>の中に表示されます。

前ページの手順の続きです。

**1** <設定>にカーソルを合わせて、

**2** <TinyMCE Advanced>をクリックします。

**3** 画面を下にスクロールして、

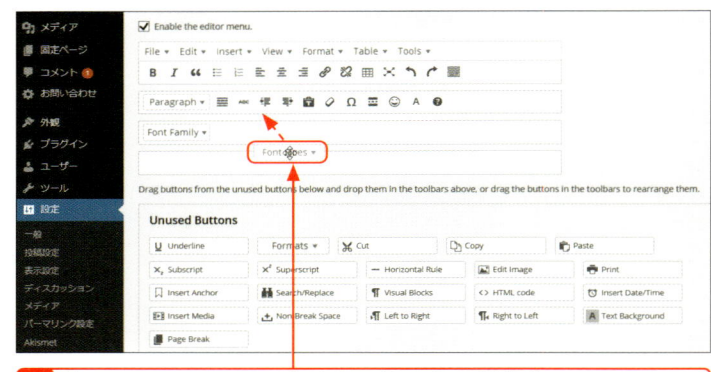

**4** 「Unused Buttons」の欄から、使いたい機能（ここでは<Font Family><Font Sizes><背景色>）を上部の欄にドラッグ&ドロップします。

**5** 画面をスクロールして、

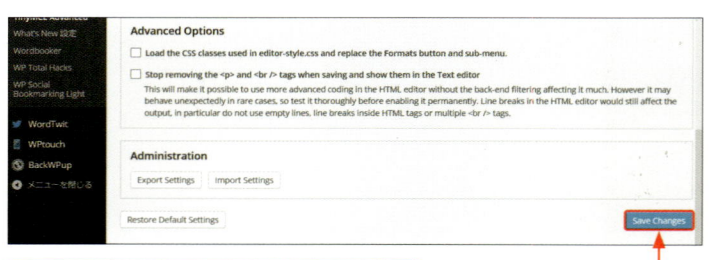

### Memo 拡張機能の選択と解除

このプラグインでは、この節で解説する以外にも、さまざまな機能をビジュアルエディタに付け加えることができます。また、使用する必要がなくなった機能は、手順**3**の画面の「Unused Buttons」部分にドラッグ&ドロップすることで、解除できます。

**6** <Save Changes>をクリックします。

## 3 拡張機能を利用する

左ページの手順の続きです。
「新規固定ページを追加」画面を表示しています。

**1** 左ページ手順❹で追加した機能が表示されていることを確認できます。

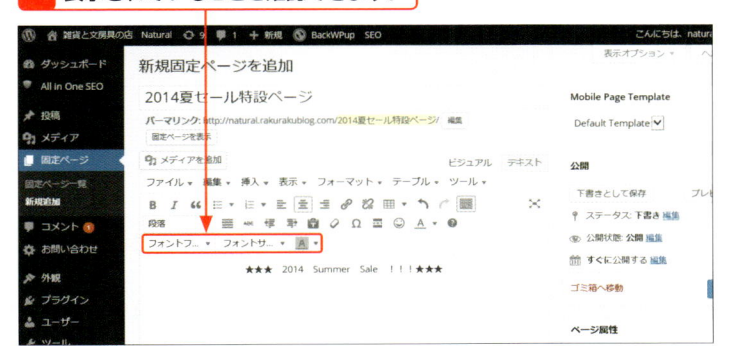

**2** テキストを選択して、

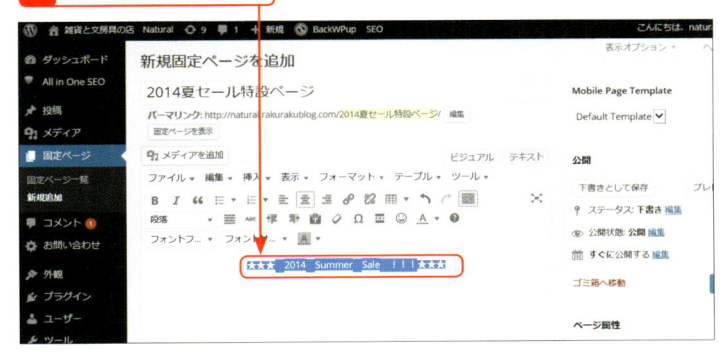

**3** ＜フォントサイズ＞をクリックし、

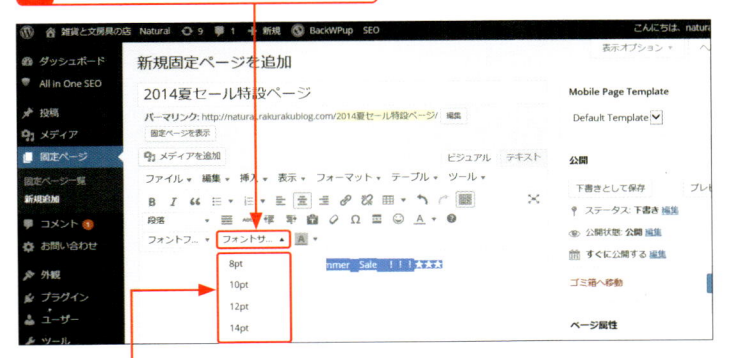

**4** 変更したいフォントサイズをクリックします。

### Memo この節で行う内容

この節では、文字のサイズと種類の変更、文字の背景色の変更、表の挿入を行います。いずれもこのプラグインを導入することで使用できる機能になります。

### Memo ビジュアルエディタの変化

このプラグインを導入すると、手順❶の画面のように、プラグイン導入以前のビジュアルエディタとは少し表示が変わります。

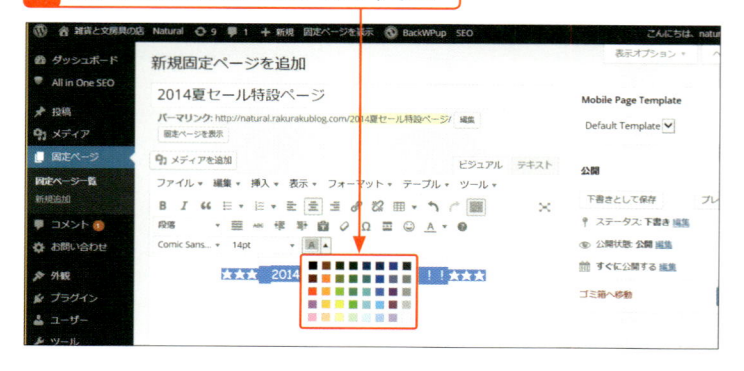

## Memo フォントサイズの変更

フォントサイズの変更は、ビジュアルエディタ上ですぐに反映されます。大きさを確認しながら調整していくとよいでしょう。

## Memo フォントの種類

手順6で選択できるフォントの種類は、主に英字のものとなっています。したがって、漢字やひらがなには適用されないこともあるので注意しましょう。

## Memo 文字の背景色

このプラグインを使うことで、文字に背景色を付けることができるようになります。マーカーを引いたような表示になるので、目立たせたい文字列がある場合などに便利な機能です。

---

**5** 文字のサイズが変わりました。

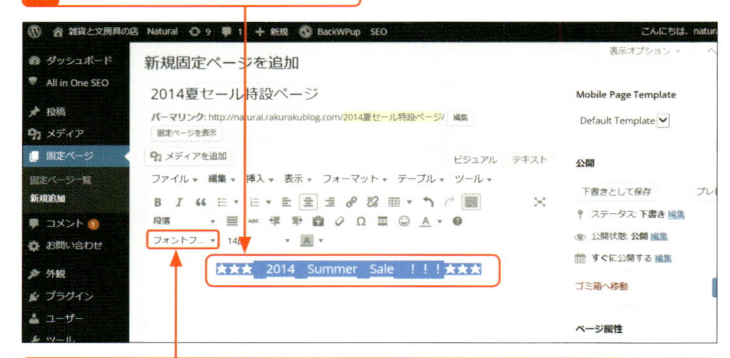

**6** 同様にして＜フォントファミリー＞をクリックしてフォントの種類をクリックすると、

**7** 文字の種類が変わります。

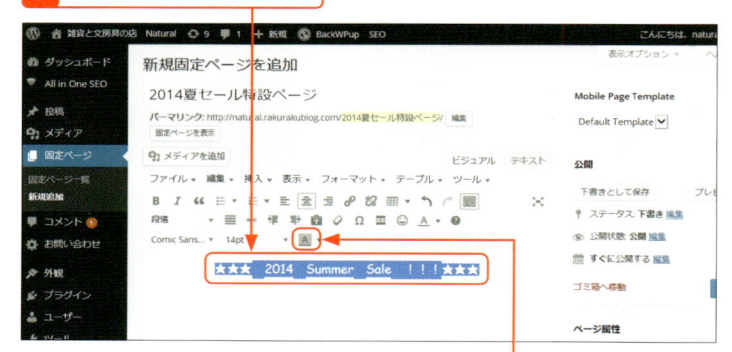

**8** A をクリックします。

**9** 文字の背景にしたい色をクリックすると、

**10** 文字の背景に色が付きました。

**11** ＜テーブル＞をクリックします。

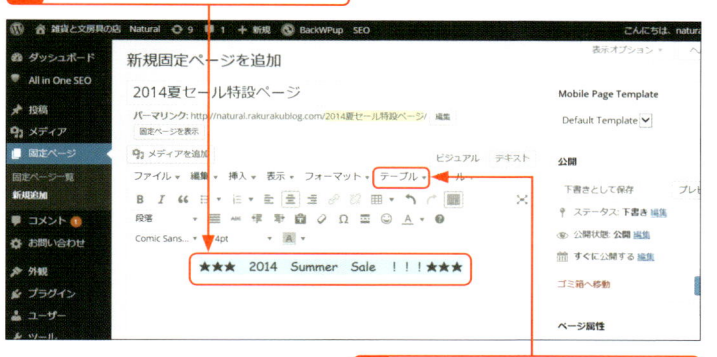

### Memo ビジュアルエディタのメニュー

手順**11**のように、ビジュアルエディタ上部のメニューは、クリックすることで、より詳細なメニューを表示することができます。

**12** ＜テーブルを挿入＞をクリックして、

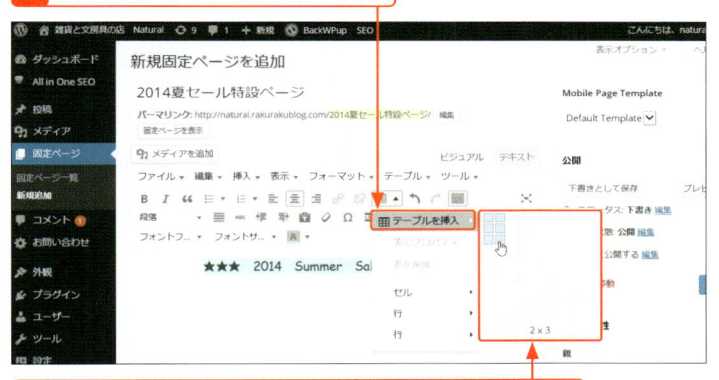

**13** セルの上をカーソルでなぞって選択してクリックします。

**14** 表が挿入されました。

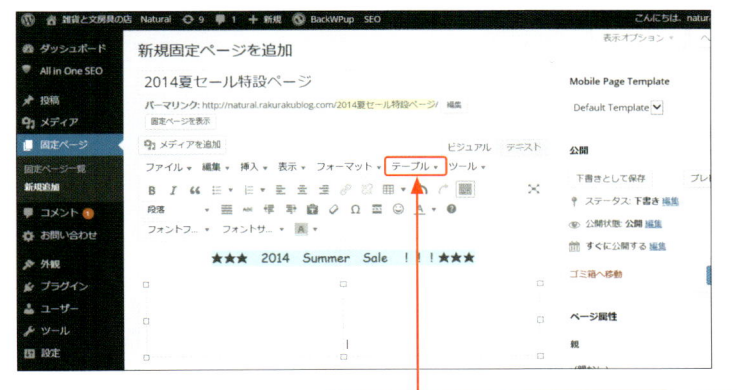

**15** ＜テーブル＞をクリックします。

### Memo 表の行と列

手順**13**では、挿入したい表の行と列の分だけ、セルの上でカーソルを動かして選択しましょう。選択されたセルは水色になります。

## 📄 Memo 表の設定

手順⓱の画面では、表のさまざまな設定を行うことができます。行と幅のサイズも、ここで数値を入力することで、変更できます。

**16** <表のプロパティ>をクリックします。

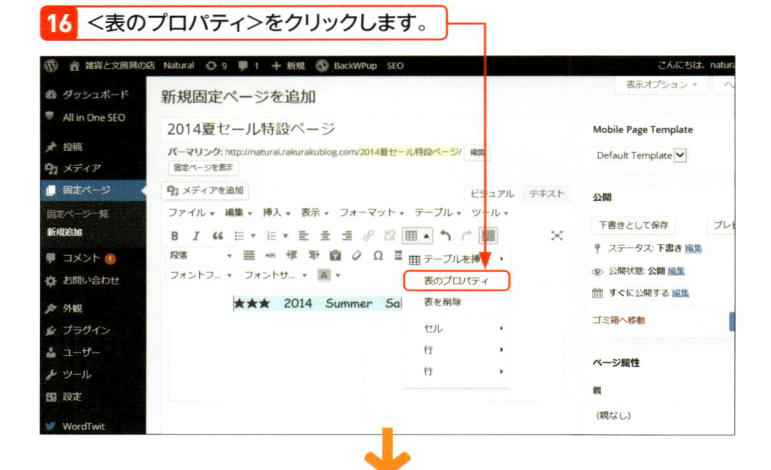

**17** <キャプション>をクリックしてオンにして、

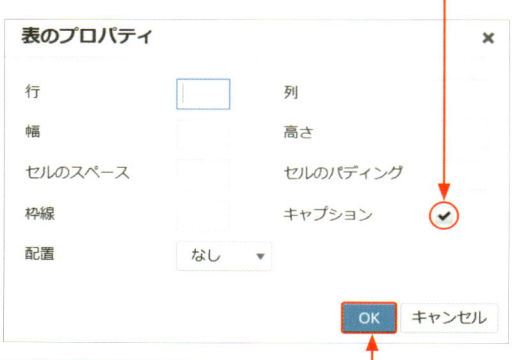

**18** <OK>をクリックします。

**19** キャプションを入力する部分が挿入されました。

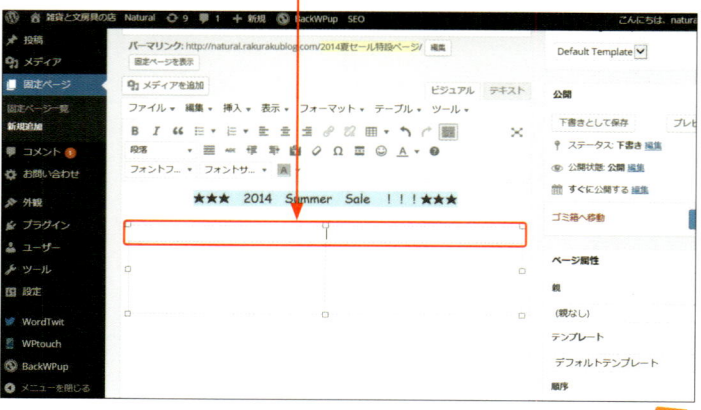

## 📄 Memo 表のキャプション

表のキャプションとは、表の見出しのようなものです。表がどのような内容のものなのか分かるようなテキストを入力するとよいでしょう。

**20** それぞれのセルをクリックして、テキストを入力していきます。

**21** ＜プレビュー＞をクリックします。

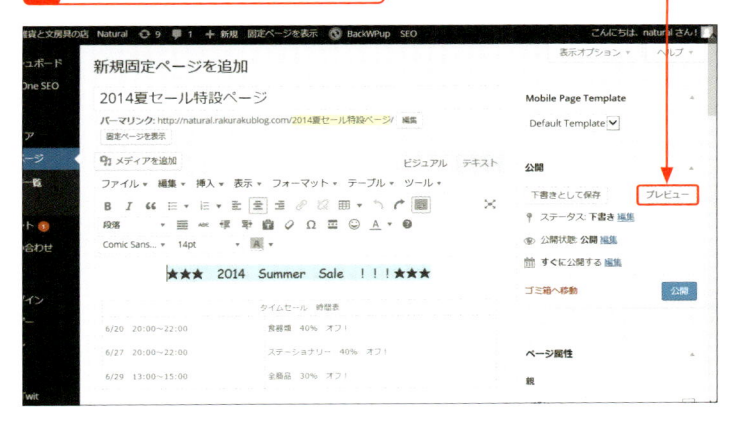

**22** 拡張機能を使った入力の結果が確認できます。

---

**Memo　セルへのテキスト入力**

セルにテキストを入力すると、テキストの長さに合わせてセルの幅が変動します。また、セル内のテキストにも、通常の本文と同様に、リンクを張るなどの装飾ができます。

**Hint　表の削除**

挿入した表を削除したい場合は、左ページ手順16の画面で、＜表を削除＞をクリックします。

# Section 44 スパムコメント対策をしよう

WordPressに限らずウェブサイトを運営していると、無差別にコメントを送信するスパムコメントの問題に悩まされることがあります。このスパムコメントをブロックしたり、自動的に削除したりできるプラグインで、対策をとりましょう。

**覚えておきたいキーワード**
- スパムコメント
- キー
- APIキー

## 1 Akismetを有効化する

**Keyword スパムコメント**

スパムコメントとは、ブログのコメント欄に、そのサイトとは関係のない内容のコメントが大量に投稿されるものです。WordPressでは、スパムコメントが投稿された時に手動でスパム報告をする機能がありますが、このプラグインを使用することで、スパムコメントを投稿される前に対策を取ることが可能になります。

ダッシュボードを表示しています。

**1** <プラグイン>をクリックします。

↓

**2** 画面右上の検索ウィンドウに「Akismet」と入力して、

**3** <インストールされているプラグインを検索>をクリックします。

**Memo インストール済みプラグインの検索**

Akismetははじめからインストールされているプラグインです。インストール済みのプラグイン一覧右上のウィンドウからは、インストール済みプラグインの検索をすることができます。プラグインの数が増えて目的のものが見つけづらくなった時などに便利な機能です。

第6章 プラグインで便利な機能を追加しよう

**4** 「Akismet」の<有効化>をクリックします。

**5** プラグインが有効化されました。

## 2 キーを取得する

上記の手順の続きです。

**1** <Akismetアカウントを有効化>をクリックします。

---

### Hint Akismetが見つからない場合

間違って消去してしまった場合など、Akismetがインストール済みプラグインの中に見つからない場合は、他のプラグインと同様にインストールして使いましょう。

### Memo キーの取得

通常のプラグインでは、有効化することでメニューが追加され、プラグインの設定ができるようになりますが、Akismetではその前にウェブサイトからキーの作成を行う必要があります。

## Step up　すでにキーを持っている場合

過去にこのプラグインを使用したことがあるなど、すでにキーを持っている場合には、手順 **2** の画面で、「手動でAPIキーを入力」にキーを入力してください。

## Memo　プラグインのためのキーを取得する

Akismetを使うキーを発行するために、Akismetのウェブサイトでユーザー登録を行います。

## Hint　ユーザーネーム

メールアドレスを入力すると、アドレスの＠より前がユーザーネームとして自動で入力されます。

---

**2** ＜APIキーを取得＞をクリックします。

**3** ＜Get an Akismet API key＞をクリックします。

**4** 登録用メールアドレスを入力して、

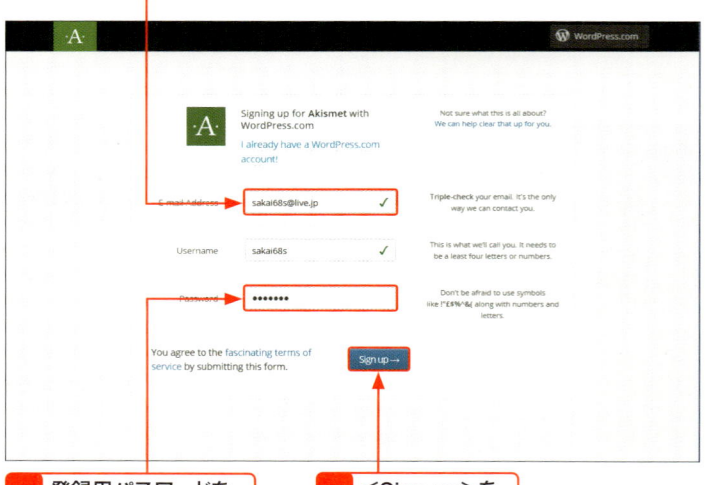

**5** 登録用パスワードを入力し、

**6** ＜Sign up＞をクリックします。

# Section 44 スパムコメント対策をしよう

**7** 右端の＜SIGN UP＞をクリックします。

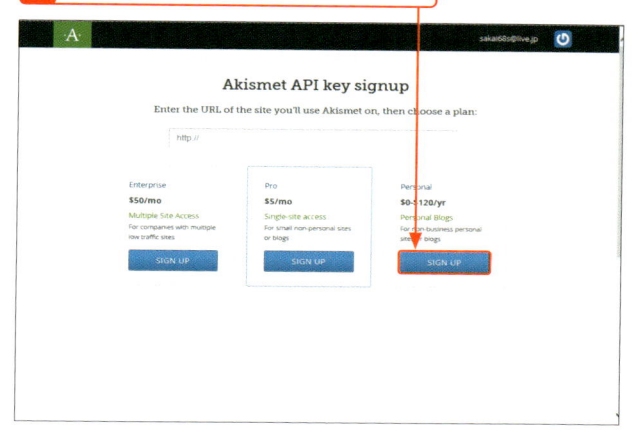

### Hint 価格の選択

このプラグインには有料のプランもありますが、無料で利用することも可能です。はじめに手順**7**の画面で大まかな価格帯を選択し、次の画面で具体的な価格の設定を行う流れになっています。

**8** スライダーを一番左まで移動します。

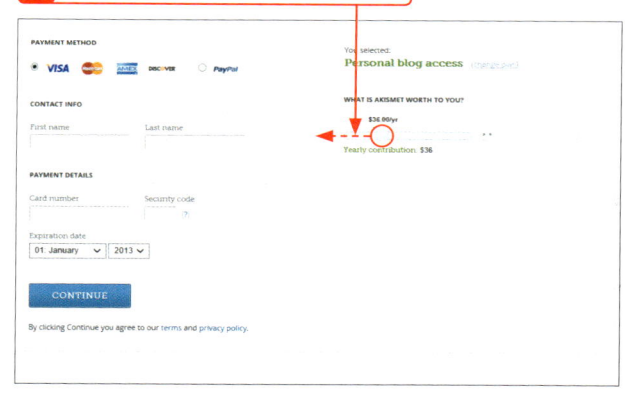

### Memo スライダーから価格を設定する

プラグインの価格をスライダーによって選択できるようになっています。スライダーを一番左まで移動させると、吹き出しに表示された価格が「$0.00/yr」となり、無料で利用することができます。

**9** 名前を入力して、

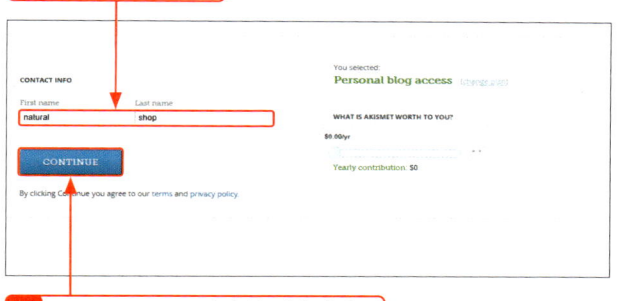

**10** ＜CONTINUE＞をクリックします。

### Memo 支払い情報の入力

手順**8**の画面では、金額を無料に設定するので、クレジットカード番号などの支払い情報を入力する必要はありません。

第6章 プラグインで便利な機能を追加しよう

## 📄 Memo　キーの表示位置

画面上部に大きく表示されている緑の文字列がキーとなります。

**11** 表示されるキーをコピーします。

All Done!

Congratulations, you are the owner of a shiny new Akismet API key:

ebe1b4804651

(we have also sent this API key to your email address)

What next?
Follow these steps to use your new API key:
1. Go to the Akismet page on your WordPress dashboard
2. On the Akismet page, do the following:...

Akismet eliminates the comment and tra

Create a new Akismet Key

I already have a key

Click on the I already have a key link

Akismet

Akismet API Key

You must enter a ...

## 3　キーの設定をする

### 📄 Memo　キー設定の画面を開く

キー設定のための＜Akismet 設計＞は、ダッシュボードのサイドメニュー上部の＜更新＞の下に表示され、設定が終了すると表示されなくなります。

上記の続きです。ダッシュボードを表示しています。

**1** ＜Akismet 設計＞をクリックします。

**2** ＜Akismet APIキーを入力＞をクリックします。

第6章　プラグインで便利な機能を追加しよう

**3** ＜キーをすでに持っています＞をクリックします。

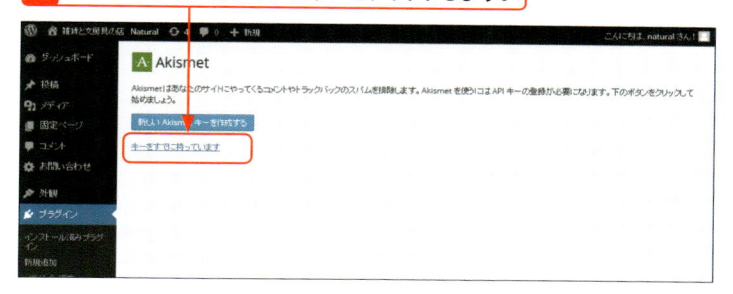

↓

**4** P.146手順⑪でコピーしたキーを貼り付けて、

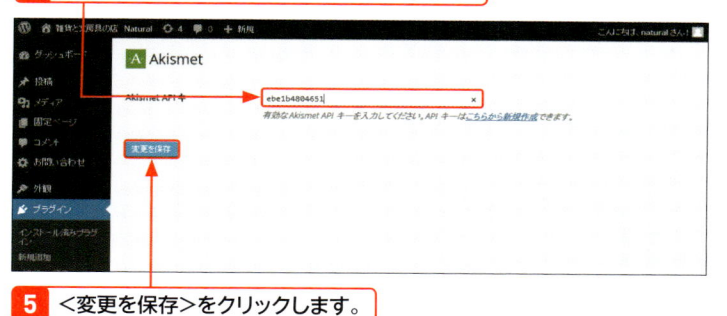

**5** ＜変更を保存＞をクリックします。

↓

**6** プラグインが設定されました。

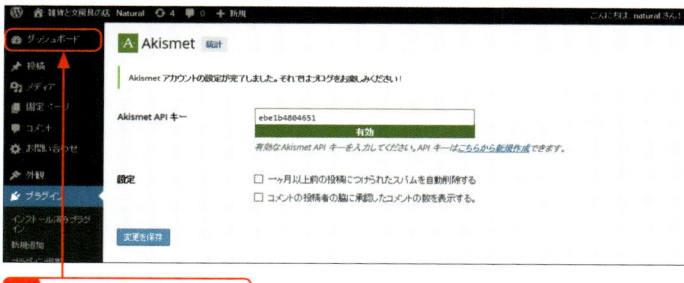

**7** ＜ダッシュボード＞をクリックします。

↓

**8** ＜概要＞にAkismetの状況が表示されます。

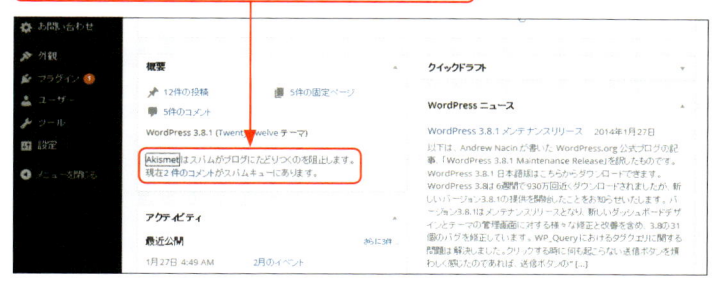

---

## Hint プラグインの設定ページ

画面の手順に従って操作することでキーの登録が完了します。後からプラグインの詳細などを確認したい場合には、サイドバーの＜Akismet＞をクリックしてください。

## Step up Akismetの有効化

Akismetを有効化すると、スパムコメントの有無などがダッシュボードの＜現在の状況＞に表示されるようになります。

Section 44 スパムコメント対策をしよう

第6章 プラグインで便利な機能を追加しよう

147

# Section 45 コメント欄に画像認証を設置しよう

**覚えておきたいキーワード**
- 画像認証
- スパムコメント
- コメント

無作為に大量に書きこまれるスパムコメントを防ぐ手段としては、コメント欄に画像認証を導入する方法もあります。コメント時に画像による認証を求めることで、コンピューターによる自動的なコメントの書き込みができなくなり、不正なコメントを防ぐことができます。

## 1 SI CAPTCHA Anti-Spamをインストールする

**Hint 画像認証を設置するメリット**

画像認証を使用すると、自動的にコメントを投稿することが難しくなるため、スパムコメントの防止に効果的です。

P.119の方法で、「SI CAPTCHA Anti-Spam」を検索しています。

1 ＜SI CAPTCHA Anti-Spam＞の＜いますぐインストール＞をクリックします。

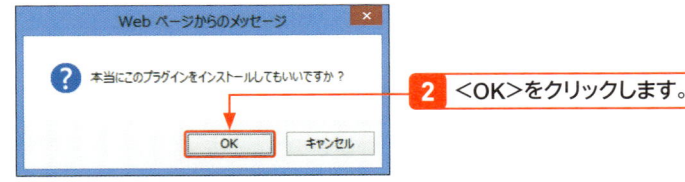

2 ＜OK＞をクリックします。

3 ＜プラグインの有効化＞をクリックします。

第6章 プラグインで便利な機能を追加しよう

148

**4** ＜SI Captchaオプション＞をクリックします。

---

> **Hint** プラグインの設定
>
> 手順**5**の画面では、このプラグインの機能の設定を行うことができます。コメントフォームに画像認証を導入するだけでなく、WordPress自体へのログインに画像認証を付けるといったことも可能です。必要に応じて設定して、サイトの安全性を高めましょう。

**5** 使用する項目にチェックを入れて、

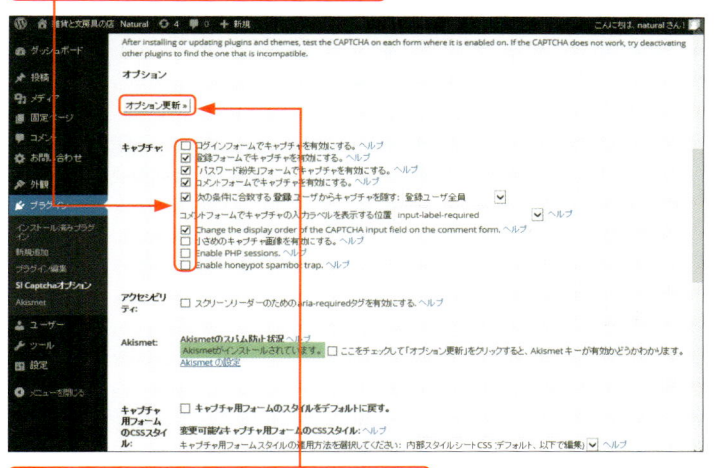

**6** ＜オプションを更新＞をクリックします。

---

> **Hint** 画像認証を確認する
>
> コメント欄に画像認証が設置されているかどうかは、一度WordPressからログアウトしてから、サイトを確認する必要があります。

**7** コメント欄のあるページを表示すると、コメントに画像認証が適用されます。

---

> **Hint** 認証用の画像を更新する
>
> 手順**7**の画面で、画像の右横の🔄をクリックすると、画像が変更されます。

# Section 46 カテゴリーの表示順を変えよう

**覚えておきたいキーワード**
- カテゴリー
- 表示順序
- Category Order

ブログなどで使用する投稿記事には、「カテゴリー」（Sec.51 参照）を設定することができますが、この数が増えて煩雑になった場合や、重要なカテゴリーをサイドバーの上部に表示されるようにしたい場合、プラグインを使ってカテゴリーの表示順序を変更することができます。

## 1 Category Order をインストールする

**Memo 投稿のカテゴリー**

投稿には、固定ページと違い、カテゴリーという分類を設定することができます。カテゴリーの一覧はウィジェットを使うことでサイドバーに表示することができます。詳しくはSec.52を参照してください。

ダッシュボードを表示しています。

**1** ＜プラグイン＞にカーソルを合わせ、

**2** ＜新規追加＞をクリックします。

**3** 検索ウィンドウに「Category Order」と入力して、

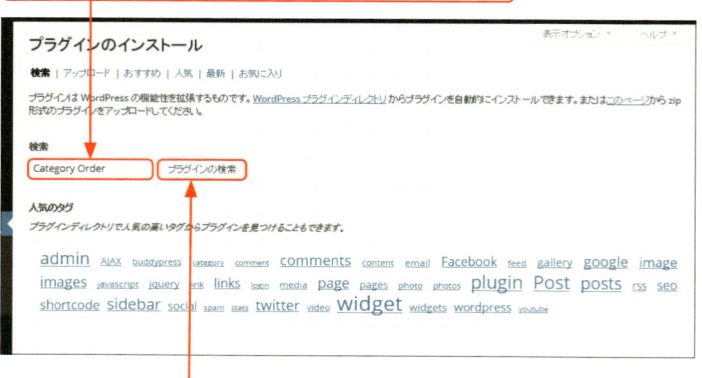

**4** ＜プラグインを検索＞をクリックします。

**Memo プラグインでカテゴリーの並び順を変える**

デフォルトでは、サイドバーにカテゴリーの一覧を表示したとき、並び順を変えることはできません。そこで、「Category Order」を使って並び順を変えます。

第6章 プラグインで便利な機能を追加しよう

**5** 「Category Order」の<いますぐインストール>をクリックします。

⬇

**6** <プラグインを有効化>をクリックします。

⬇

**7** プラグインが有効化されました。

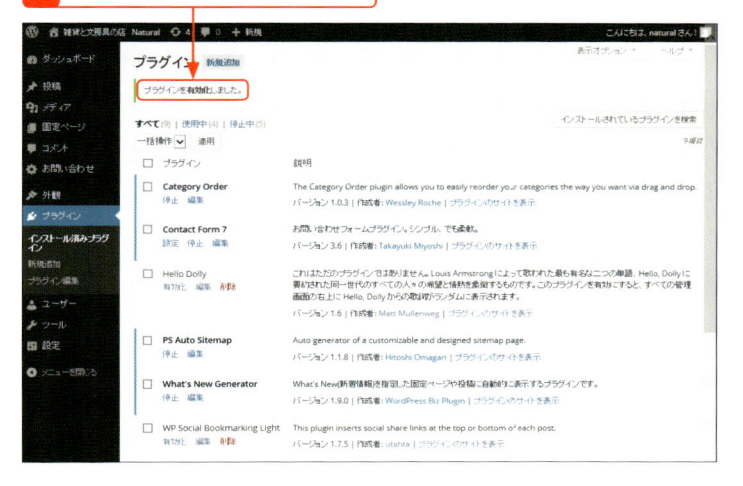

---

### Memo プラグインのインストール確認

手順**5**で<いますぐインストール>をクリックすると、以下のような、インストールの許可を求めるダイアログボックスが表示されるので、<OK>をクリックしてください。

### Memo プラグインのサイト

手順**5**の画面で、プラグインの説明部分の<プラグインのサイトを表示>をクリックすると、プラグインの作成者のウェブサイトを表示することができます。

## 2 カテゴリーの並べ替えをする

### Memo 新しいメニューの表示

プラグインをインストールすると、<投稿>の機能内に<Category Order>というメニューが新しく表示されるようになります。

### Memo 順序の変更

カテゴリー名の上にカーソルを乗せて、マウスポインターが十字になったら、ドラッグ＆ドロップすることで表示順を入れ替えることができます。

### Hint 子カテゴリーとは

固定ページの親ページと子ページのように、カテゴリーでも親カテゴリーと子カテゴリーを設定することができます。詳しくはSec.53を参照してください。

---

前ページの続きです。

**1** <投稿>にカーソルを合わせて、

**2** <Category Order>をクリックします。

**3** 項目をドラッグして表示順序を変更します。

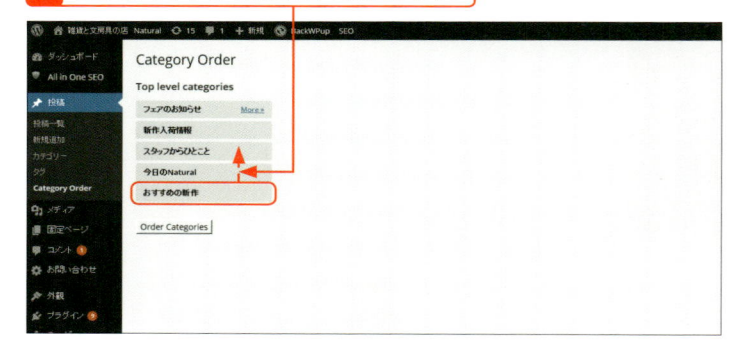

**4** 子カテゴリーの並べ替えをするには、<More>をクリックします。

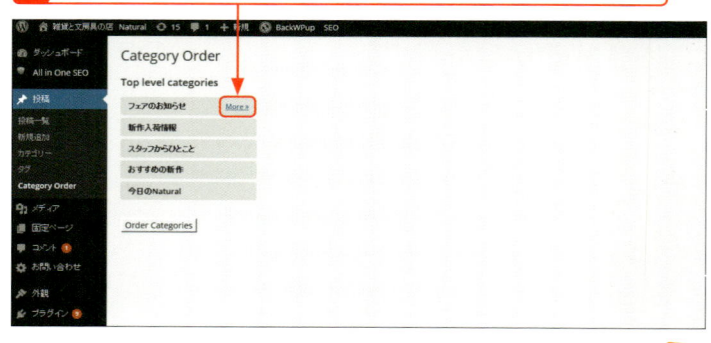

---

第6章 プラグインで便利な機能を追加しよう

**5** 項目をドラッグして順序を変更し、

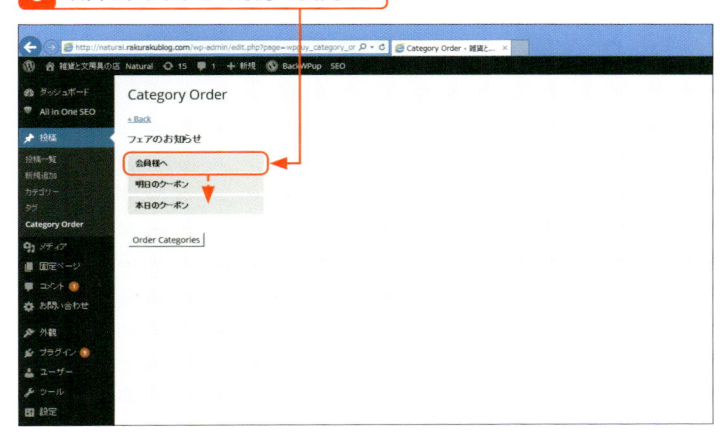

**6** ＜Order Categories＞をクリックします。

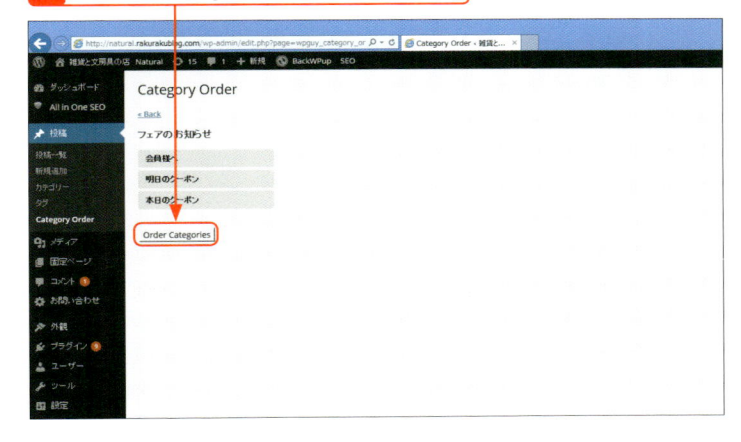

**7** カテゴリーの表示順序が変更されました。

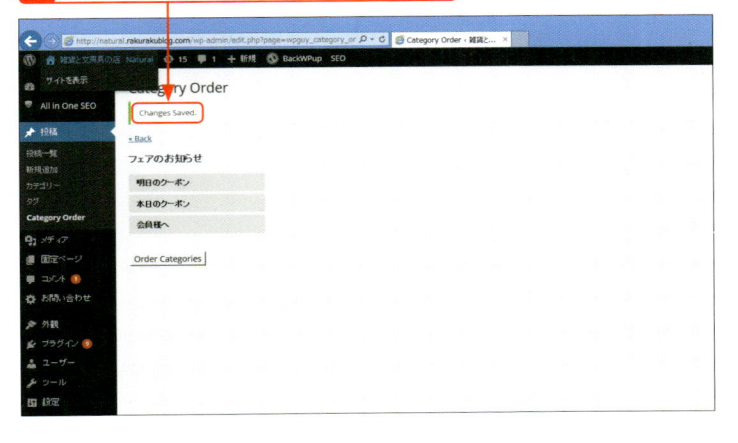

### 📄 Memo 子カテゴリーを並び替える

子カテゴリーを持つカテゴリーは、名前の横に＜More＞と表示されます。

### ❗ Hint サイドバーの表示を確認する

手順**7**で操作を完了したら、サイトのサイドバーを確認しましょう。ただし、サイドバーを表示しないテンプレートを使用している場合や、サイドバーにカテゴリーを表示するウィジェットを使用していない場合は、カテゴリーの一覧そのものが表示されないので気をつけましょう。

# Section 47 サイドバーに画像付きリンクを載せよう

「Image Widget」というプラグインを使用して、サイドバーに画像付きのリンクを掲載します。このプラグインはサイドバーに画像を挿入できるもので、さらに画像にリンクを張ることができます。サイドバーに画像を載せて、よりメリハリのあるウェブサイトにしましょう。

**覚えておきたいキーワード**
▶ Image Widget
▶ 画像付きリンク
▶ サイドバー

## 1 プラグインを有効化する

### Memo Image Widget

「Image Widget」は、ウィジェットを使ってサイドバーに画像を表示する機能を持ったプラグインです。プラグインを導入するだけで、画像挿入ができるウィジェットが使用可能になります。ここでは画像付きリンクの作成方法を解説しますが、リンクを張らずに、通常の画像を挿入すれば管理人のプロフィール表示などに使えるでしょう。

ダッシュボードを開いています。

**1** <プラグイン>にカーソルを合わせ、

**2** <新規作成>をクリックします。

**3** 検索ウィンドウに「image widget」と入力して、

**4** <プラグインの検索>をクリックします。

第6章 プラグインで便利な機能を追加しよう

**5** 「Image Widget」の＜いますぐインストール＞をクリックします。

### Memo　サイドバーの表示

このプラグインでは、ウィジェットを使ってサイドバーに画像を表示します。サイドバーが表示されないテンプレートを使用しているページには、画像も表示されないので気をつけましょう。

**6** ＜OK＞をクリックします。

**7** ＜プラグインを有効化＞をクリックすると、プラグインが有効になります。

### Memo　プラグインの検索

Image Widgetも、似た名前が多く、探しにくいプラグインかもしれません。検索する際には、つづりなどを間違えないようにしましょう。

## 2 プラグインの設定をする

### 📝 Memo プラグインの設定

Image Widgetは有効化をしたあと、「ウィジェット」内で設定をすることができます。ウィジェットの操作の詳細は、Sec.35を参照してください。

前ページの手順の続きです。

**1** <外観>にカーソルを合わせ、

**2** <ウィジェット>をクリックします。

### 📝 Memo 画像ウィジェット

画像ウィジェットは、Image Widgetをインストールして有効化すると表示されます。

**3** 画面を下にスクロールすると、

**4** <画像ウィジェット>が追加されていることが確認できます。

**5** <画像ウィジェット>を「メインサイドバー」欄にドラッグ&ドロップします。

### 📝 Memo 画像ウィジェットの場所

画像ウィジェットも、通常のウィジェットと同じ方法で操作することができます。ウィジェットの操作方法についてはSec.35を参照してください。

**6** <画像を選択>をクリックします。

---

**7** <ファイルを選択>をクリックします。

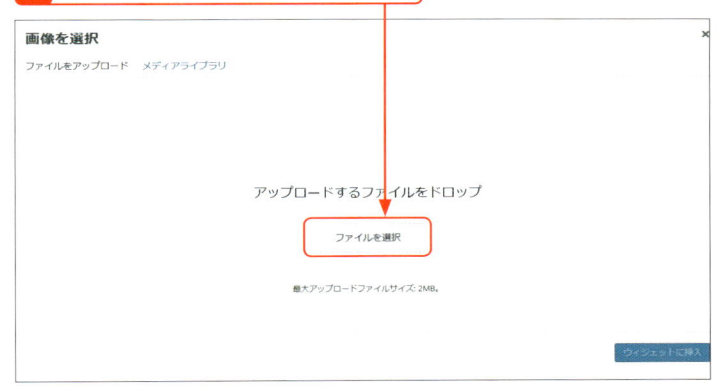

---

**8** サイドバーに掲載したい画像をクリックして、

**9** <開く>をクリックします。

---

> **Memo** メディアライブラリの画像を使う
>
> すでにメディアライブラリにアップしている画像を使用したい場合は、手順**7**の画面で、<メディアライブラリ>をクリックして使用します。

> **Hint** 画像をドロップする
>
> 手順**7**の画面に画像をドロップすることでも、画像をアップロードすることができます。

> **Hint** サイドバーの画像のサイズ
>
> サイドバーの場所は限られているので、あまり大きなサイズの画像の場合、うまく表示されないことがあります。本書では、220×70の画像を掲載しています。

Section 47 サイドバーに画像付きリンクを載せよう

第6章 プラグインで便利な機能を追加しよう

157

## !Hint 画像のタイトルとキャプション

今回は画像をリンクとして掲載するため、手順 11 で画像のタイトルを削除していますが、タイトルとキャプションを入力して、サイドバーに表示させることも可能です。管理人のプロフィール画像などの場合は、タイトルとキャプションを入力しても良いでしょう。

**10** <ウィジェットに挿入>をクリックします。

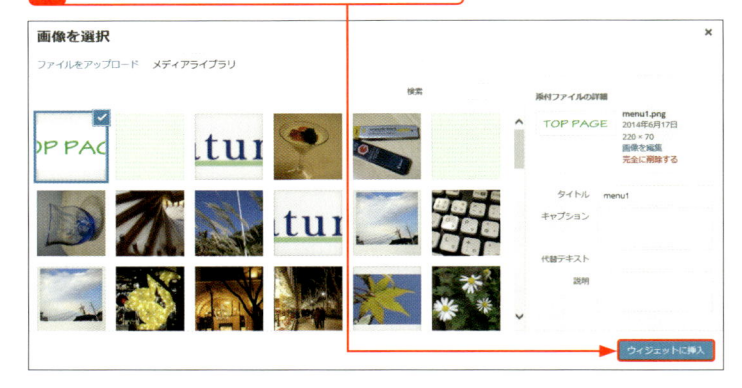

**11** 「タイトル」部分のテキストを削除して、

**12** 画面を下にスクロールします。

**13** 「リンク」欄にリンクを張りたいURLを入力して、

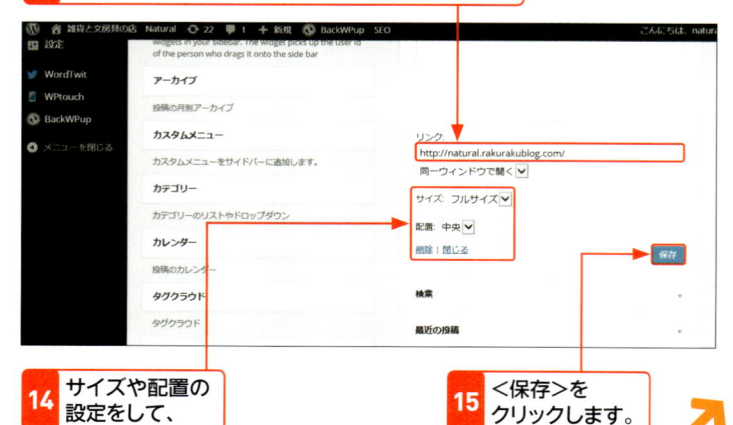

## 📝Memo 画像の設定

手順 14 では、画像の表示に関する設定をすることができます。「配置」では、サイドバーの幅の中で、左に寄せて表示するか、中央か、右に寄せて表示するかを選ぶことができます。

**14** サイズや配置の設定をして、

**15** <保存>をクリックします。

**16** 手順5〜15の方法で、画像ウィジェットを追加します。

**17** サイト名をクリックします。

**18** 画像付きリンクの表示が確認できます。

**19** 画像をクリックすると、

**20** リンク先のページが表示されます。

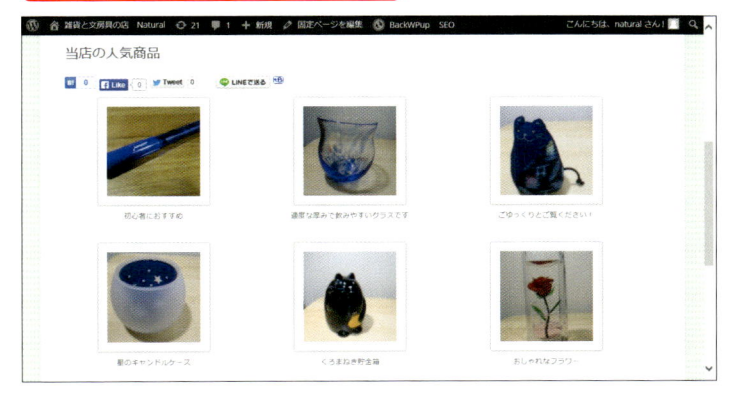

## Memo 複数の画像ウィジェットを使用する

手順16の画面のように、画像ウィジェットは複数使用することができます。また、それぞれ異なる画像を設定することができます。

## Memo 画像リンクの設定

リンク先のページを同一ウィンドウで開くか、新規ウィンドウで開くかは、P.158手順13の画面で設定できます。

## Section 48 プラグインを管理しよう

**覚えておきたいキーワード**
- 停止
- 有効化
- アップデート

インストールしたプラグインは、サイトの状況などに応じて一時的に利用を停止したり、再開したりできます。また新しいバージョンのプラグインがある場合にはアップデートを求めるメッセージが表示されます。必要ないプラグインは削除するなどして、整理しておきましょう。

### 1 プラグインを停止する

**Memo プラグインの管理**

プラグインは便利なので、つい数が増えてしまいがちですが、あまり多くのプラグインをインストールしていると、管理が面倒になる場合もあります。使わないプラグインは停止したり、削除したりしましょう。

ダッシュボードを表示しています。

**1** <プラグイン>をクリックします。

**2** 使用を停止するプラグインの<停止>をクリックします。

**Memo 使用中のプラグイン**

現在使用中のプラグインには<停止>、使用していないプラグインには<有効化>のリンクが表示されています。

第6章 プラグインで便利な機能を追加しよう

**3** プラグインが停止します。

## 2 プラグインを削除する

「プラグイン」画面を開いています。

**1** 削除するプラグインの＜削除＞をクリックします。

**2** ＜はい、これらのファイルとデータを削除します＞をクリックします。

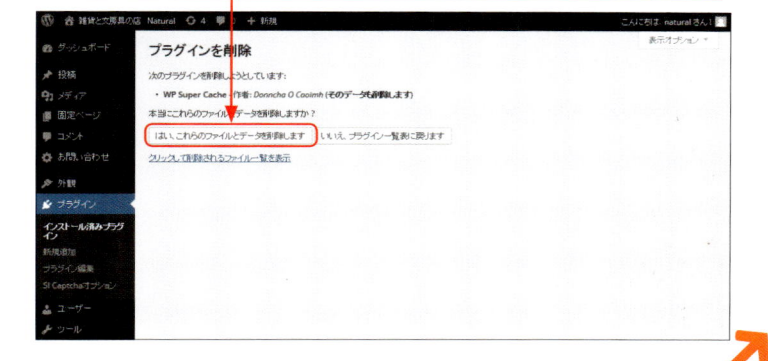

---

### Memo 使用の再開

停止したプラグインを再び使いたい時には、＜有効化＞をクリックします。なお、停止しても、これまでプラグインで設定していた内容が失われることはありません。

### Memo 削除できるプラグイン

現在使用中のプラグインを削除することはできません。使用中のプラグインを削除する場合は、まず停止の操作を行ってください。

### Hint 削除と停止の違い

削除したプラグインを再び使用したい場合には、検索画面でプラグイン名を入力して再びインストールすることが必要になります。そのため、再び使用する可能性のあるプラグインは、＜削除＞ではなく＜停止＞にしておくことをおすすめします。

### Memo 削除されるファイルを確認する

手順**2**の画面で＜クリックして削除されるファイル一覧を表示＞をクリックすると、削除対象となるファイルを確認することができます。

### 📝 Memo　削除したプラグイン

削除したプラグインを再インストールしても、削除前の設定が復元することはありません。

**3** プラグインが削除されました。

---

## 3 プラグインを更新する

### 📝 Memo　更新可能なプラグイン

更新可能なプラグインがある場合、サイドバーの＜プラグイン＞の項目に数字が表示されます。

＜プラグイン＞画面を開いています。

**1** オレンジの背景で表示されたメッセージの＜アップデート＞をクリックします。

**2** プラグインがアップデートされます。

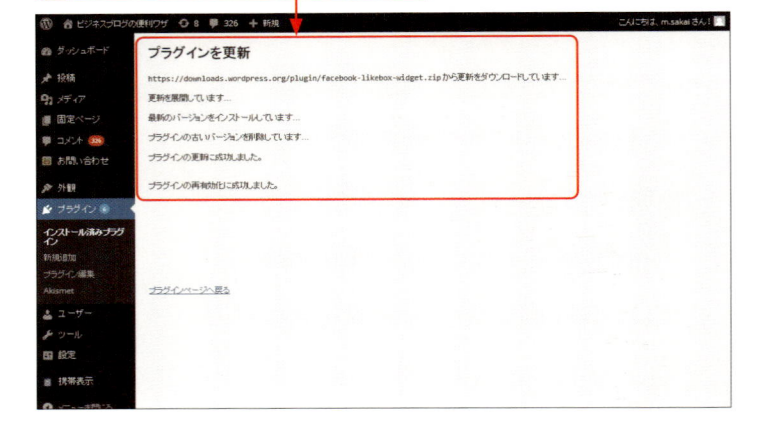

### 📝 Memo　プラグインの更新

プラグインのアップデートは、新しい機能の追加やWordPressのバージョンアップに伴った変更があると行われる場合が多いです。プラグインは常に最新の状態にしておきましょう。

第6章　プラグインで便利な機能を追加しよう

## 4 停止中のプラグインを有効にする

＜プラグイン＞画面を開いています。

**1** 使用を再開するプラグインの＜有効化＞をクリックします。

**2** プラグインが有効化されます。

### Hint プラグインの有効と無効

一度インストールしたプラグインは、有効と無効を切り替えることで必要に応じた利用が可能です。一度設定したプラグインを無効にして再び有効にした場合、以前の設定がそのまま引き継がれます。

### Memo 無効のプラグイン

プラグインを無効にしている間は、ダッシュボードにも、プラグインの設定メニューが表示されなくなります。

### Step up プラグインの状態ごとに一覧を見る

「プラグイン」画面では、上部に表示されている＜使用中＞＜休止中＞＜最近まで使用＞＜利用可能な更新＞といったメニューをクリックすることで、その状態のプラグインの一覧を見ることができます。すべてのプラグインを表示したい場合は、＜すべて＞をクリックします。

**1** 画面上部の項目をクリックします。

## Section 49 便利なプラグインの紹介

**覚えておきたいキーワード**
▶ 近況
▶ 投稿
▶ スポット

WordPressにはこの章で紹介したもののほかにも、便利なプラグインがたくさんあります。これらのプラグインを上手に組み合わせることで、手間をかけずに見やすく運営しやすいサイトを作ることができます。いろいろなプラグインを探してみましょう。

### 1 おすすめプラグインの紹介

**WPtouch Mobile Plugin**

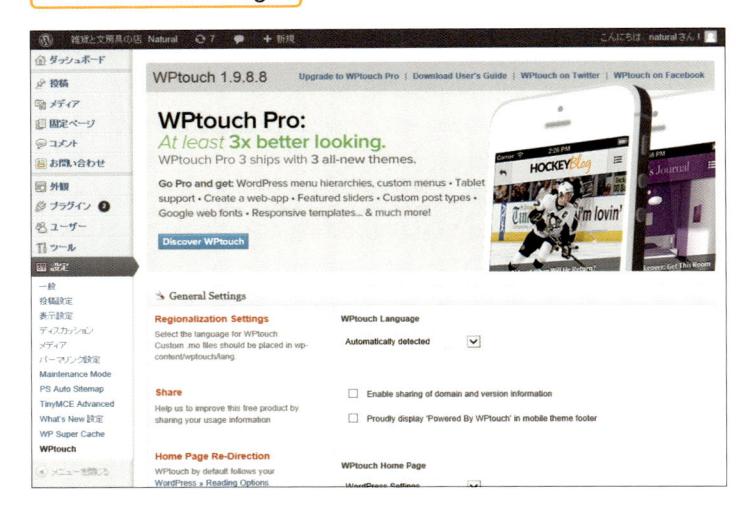

サイトをスマートフォンでの表示に最適化するためのプラグインです。WordPressのテーマには、スマートフォンの表示に対応したものも多くありますが、非対応のテーマを使う場合や、より適した表示をしたい場合にはこのプラグインを使用します。WordPressにあらかじめインストールされています。

**WP-Total Hacks**

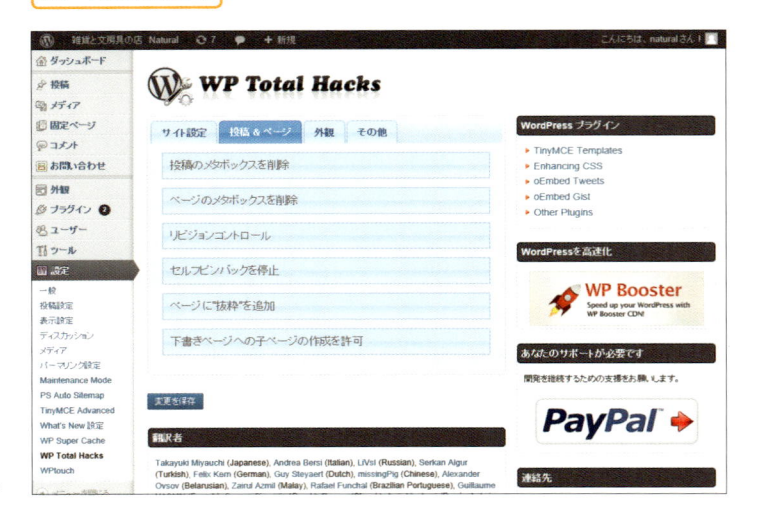

WordPressに関する、さまざまな設定をまとめて行うことのできるプラグインです。サイト全体の設定から投稿設定、外観まで幅広く扱うことができる点が特徴です。

第6章 プラグインで便利な機能を追加しよう

第 **7** 章

# ［サイトにブログを作ろう］

Section 50 ▶ ブログを作ってみよう
Section 51 ▶ 投稿機能を使おう
Section 52 ▶ 投稿にカテゴリーを設定しよう
Section 53 ▶ カテゴリーの追加や削除をしよう
Section 54 ▶ 投稿記事のスタイルを変えよう
Section 55 ▶ ブログ記事の編集や削除をしよう
Section 56 ▶ 投稿を一括編集しよう
Section 57 ▶ コメントを承認制にしよう
Section 58 ▶ 投稿に「続きを読む」を設定しよう
Section 59 ▶ ブログをメニューに表示しよう
Section 60 ▶ アイキャッチ画像を設定しよう

# Section 50 ブログを作ってみよう

投稿機能では、ブログ形式でページを作成することができます。常に同じページが表示される固定ページと違い、投稿で作成したページは、日付の新しいものが上に表示されます。日記形式のコラムや、更新情報を掲載したい場合には、この機能を使うとよいでしょう。

**覚えておきたいキーワード**
- 投稿
- カテゴリー
- 投稿フォーマット

## 1 「投稿」機能を使う

### Memo 「投稿」と「固定ページ」の違い

「固定ページ」は、各ページがひとつのページとして独立していますが、「投稿」は、投稿の日付が新しいものほど、上に表示されるという違いがあります。会社情報など常に同じ情報を表示させたいコンテンツは固定ページで、日記や更新情報など随時新しいものを伝えたいコンテンツは、投稿で作成するとよいでしょう。

「投稿」機能で作成したページは、投稿された日付が新しいものが上になって表示されます。

投稿には、カテゴリーを設定することができます。カテゴリーを使えば、カテゴリーごとのアーカイブなど、投稿を整理して表示することができます。

### Memo 「カテゴリー」とは

「カテゴリー」とは、投稿に設定することのできる属性のようなものです。「お知らせ」「コラム」など、投稿の内容に合わせて設定してもよいでしょう。詳しくは、Sec.52で解説します。

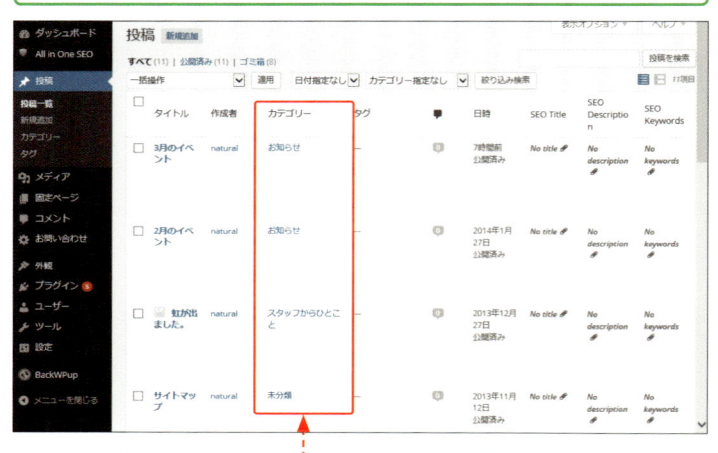

カテゴリーを設定することで、投稿の整理がかんたんになります。

投稿を作成する際に、投稿のフォームを簡単に設定できる「投稿フォーマット」を使うことができます。背景に色をつけたり、リンク部分を目立たせたりすることができます。

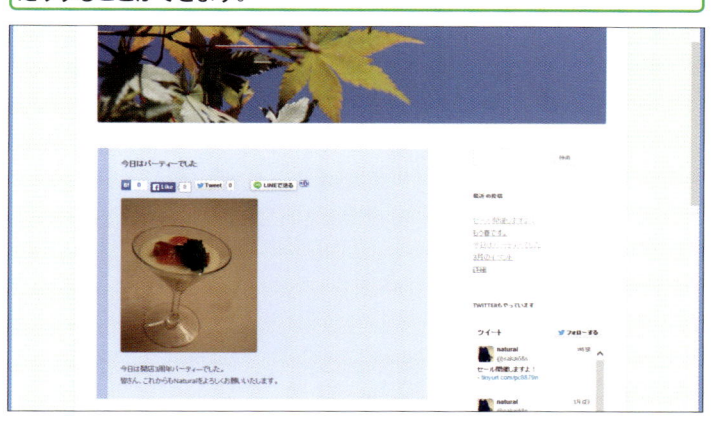

### Memo 「投稿フォーマット」とは

「投稿フォーマット」とは、投稿にいろいろなスタイルをかんたんに適用する機能です。投稿の内容によって、目立たせたい部分がある場合などに使用するとよいでしょう。詳しくは、Sec.54で解説します。

## 2 メニューにカテゴリーを表示する

投稿のカテゴリーは、サイト上部のメニューに反映させることができます。

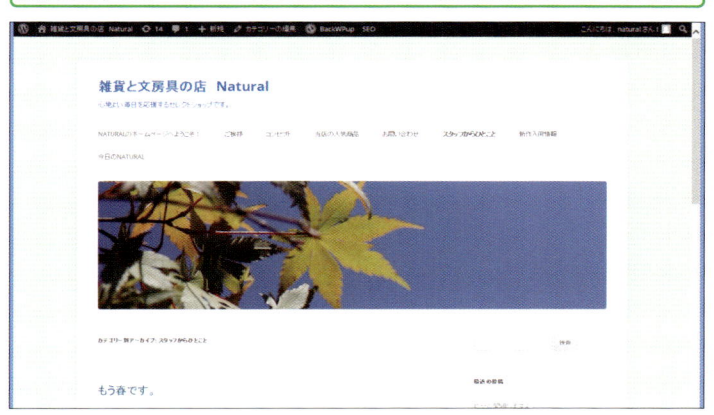

### Memo カテゴリーをメニューに表示する

投稿のカテゴリーは、固定ページと同じように、サイト上部のメニューに反映することができます。詳しくはSec.59を参照してください。

メニューに表示したカテゴリー名をクリックすると、そのカテゴリーの投稿の一覧を、見ることができます。

Section 51

# 投稿機能を使おう

● 覚えておきたいキーワード
▶ 投稿
▶ ブログ
▶ プレビュー

投稿機能の場合も固定ページの作成方法と同じで、ビジュアルエディタを使って記事を作ることができます。また、ページを下書きとして保存したり、予約投稿機能を使うことが可能です。まずは一度投稿して、機能の使い方を一通り確認しましょう。

## 1 ブログを新規投稿する

**Memo 投稿画面を表示する**

サイドバーの＜投稿＞にカーソルを合わせて＜新規追加＞をクリックすることでも投稿画面を開くことができます。

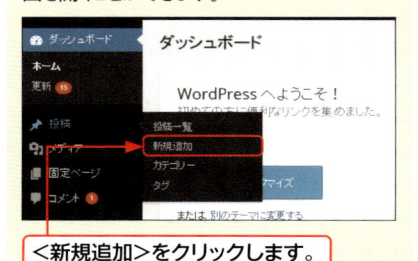

＜新規追加＞をクリックします。

ダッシュボードを表示しています。

1 ＜投稿＞をクリックします。

2 ＜新規追加＞をクリックします。

第7章 サイトにブログを作ろう

168

**Section 51 投稿機能を使おう**

**3** タイトルと本文を入力して、

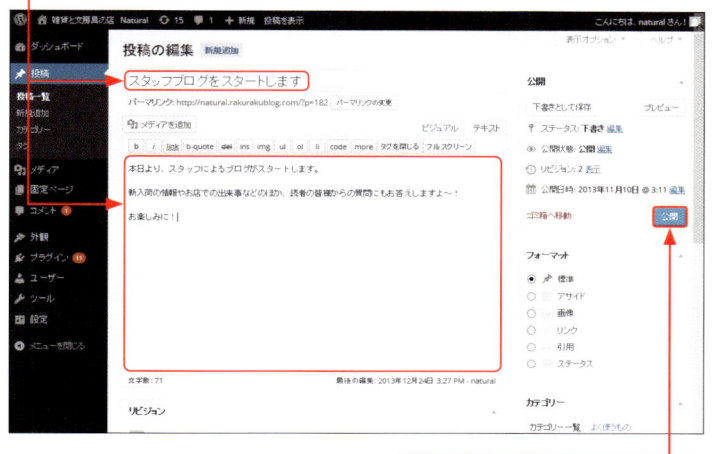

**4** <公開>をクリックします。

**5** <投稿を表示する>をクリックします。

**6** 投稿した記事を確認できます。

---

**Memo 投稿をプレビューする**

手順3の画面で、画面右の<プレビュー>をクリックすると、公開する前に実際の画面での表示などを確認することができます。

**Memo 記事を下書き保存する**

手順3の画面で、<下書きとして保存>をクリックすると、記事を下書き状態で保存できます。

**Hint 記事の公開状態を編集する**

手順3の画面で、「公開状態：公開」の右の<編集>をクリックすると、記事の状態を編集することができます。<パスワード保護>や<非公開>を設定することもできます。

**Step up 記事を先頭に固定する**

上記のHintの画面で、<この投稿を先頭に固定表示>をクリックしてオンにすると、その投稿が常にトップに表示されます。

第7章 サイトにブログを作ろう

# Section 52 投稿にカテゴリーを設定しよう

固定ページと投稿の違いのひとつに、投稿にはカテゴリーの設定ができるという点があります。カテゴリーを設定しておくと、カテゴリー一覧にその記事を表示されることができるなど、訪問者にとって分かりやすく、投稿を整理する上でも役立ちます。

**覚えておきたいキーワード**
▶ カテゴリー
▶ カテゴリー一覧
▶ スラッグ

## 1 カテゴリーを作成する

**Hint カテゴリーを設定するメリット**

投稿にカテゴリーを設定すると、記事を整理して表示することができ、記事の管理も容易になります。また、サイトの訪問者が読みたい記事をすぐに見つけることができます。

ダッシュボードを表示しています。

1 <投稿>にカーソルを合わせて、

2 <カテゴリー>をクリックします。

3 カテゴリー名を入力して、

4 スラッグ（左のKeyword参照）を入力し、

**Keyword スラッグ**

スラッグとは、カテゴリーごとに設定できる文字列で、そのカテゴリーに投稿した記事のURLに含まれる文字列となります。英数字とハイフンのみが使用できます。プラグインの設定などで使用する場合もあるので、スラッグは設定しておきましょう。

5 <新規カテゴリーを追加>をクリックします。

6 カテゴリーが作成されました。

## 2 記事にカテゴリーを設定する

新規投稿画面を表示しています。

1 ＜カテゴリー一覧＞で、設定するカテゴリーにチェックを入れて、

2 ＜公開＞をクリックします。

3 記事にカテゴリーが設定されます。

### Memo カテゴリーの一覧

作成したカテゴリーは、手順6の画面に一覧で表示されます。

### Memo 複数のカテゴリーを設定する

投稿には、複数のカテゴリーを設定することができます。手順1で、設定したいカテゴリーすべてにチェックを入れて、＜公開＞をクリックします。

### Memo カテゴリーの表示

テーマにより異なりますが、記事の上部や下部に、設定されたカテゴリー名が表示されます。カテゴリー名をクリックすると、そのカテゴリー内の記事の一覧を表示することができます。

## Section 53 カテゴリーの追加や削除をしよう

**覚えておきたいキーワード**
▶ カテゴリー名
▶ 親カテゴリー
▶ 未分類

カテゴリーは投稿画面から作成することも可能なので、内容に応じて新しいカテゴリーを増やすことができます。また、カテゴリー名は後から編集することも可能です。その場合、すでにそのカテゴリーに属している記事に表示されるカテゴリーの名称も、新しいものに変わります。

### 1 投稿画面からカテゴリーを追加する

**Memo 投稿画面から追加する**

投稿を作成していて、これまで作成したカテゴリーには入らない内容だと思ったときは、その場でカテゴリーを追加するとよいでしょう。なお、投稿画面でカテゴリーを作成すると、投稿がそのカテゴリーに設定された状態になります。

新規投稿画面で、記事の執筆を終えた状態です。

**1** 画面を下にスクロールして、

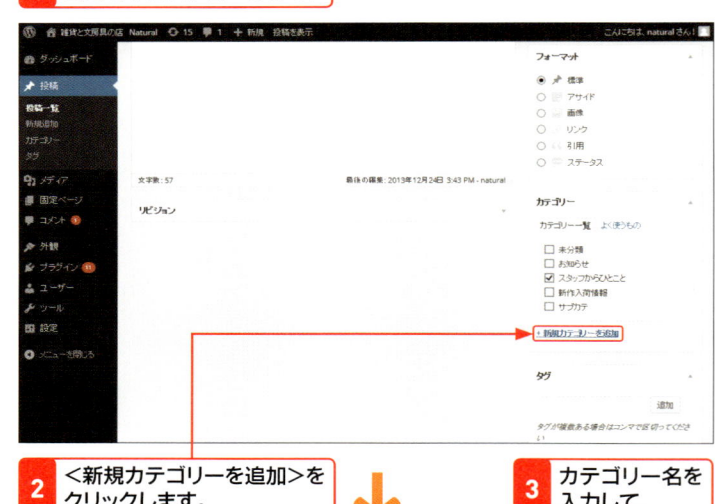

**2** <新規カテゴリーを追加>をクリックします。

**3** カテゴリー名を入力して、

**4** <新規カテゴリーを追加>をクリックします。

**Hint よく使うカテゴリーを表示する**

手順2の画面で<よく使うもの>をクリックすると、使用頻度の高いカテゴリーが使用頻度順に並びます。

第7章 サイトにブログを作ろう

**5** カテゴリーが追加されます。

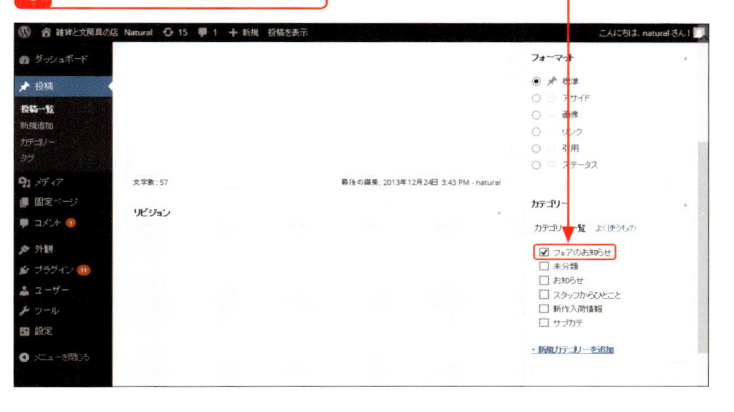

### ! Hint カテゴリーのスラッグの編集

投稿画面から新しいカテゴリーを作成した場合、任意のスラッグを設定することはできません。このページの手順**2**で、スラッグを編集することができます。

## 2 カテゴリーの編集をする

P.170の方法でカテゴリーの編集画面を表示しています。

**1** カテゴリー名にカーソルを合わせて＜編集＞をクリックします。

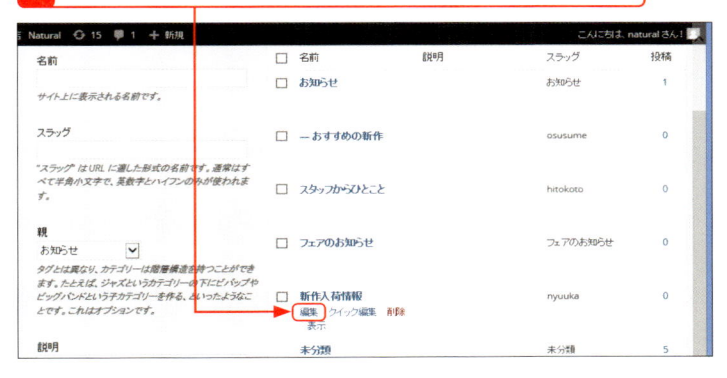

### Memo ＜編集＞メニューの表示

手順**1**の画面で、カテゴリー名にカーソルを合わせると、＜編集＞などのメニューが表示されます。

**2** カテゴリーを編集して、

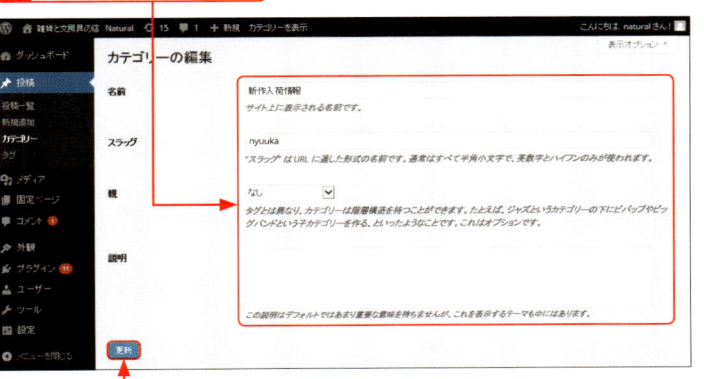

### ! Hint クイック編集

手順**1**の画面で＜クイック編集＞をクリックすると、カテゴリー名やスラッグをかんたんに変更することができます。

**3** ＜更新＞をクリックすると、編集が完了します。

## 3 階層化したカテゴリーを設置する

### 📄 Memo カテゴリーの階層化

カテゴリーでも、固定ページと同じように、親カテゴリーと子カテゴリーを作成することができます（Sec.27参照）。親カテゴリーの記事を、さらに細分化したいときに便利です。

### ❗ Hint サイドバーにカテゴリー一覧を表示する

サイドバーにカテゴリー一覧を表示したい場合は、Sec.35の方法で、ウィジェットに＜カテゴリー＞を加えてください。

### ❗ Hint サイドバーでの子カテゴリーの表示

上記Hintの画面で＜階層を表示＞にチェックを入れていると、サイドバーで、親カテゴリーと子カテゴリーの階層が表示されます。

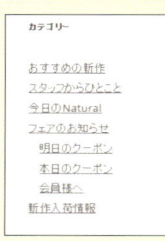

---

カテゴリーの編集画面を表示しています。

**1** カテゴリー名を入力して、

**2** スラッグを入力します。

**3** ＜親＞をクリックして、カテゴリーを選択します。

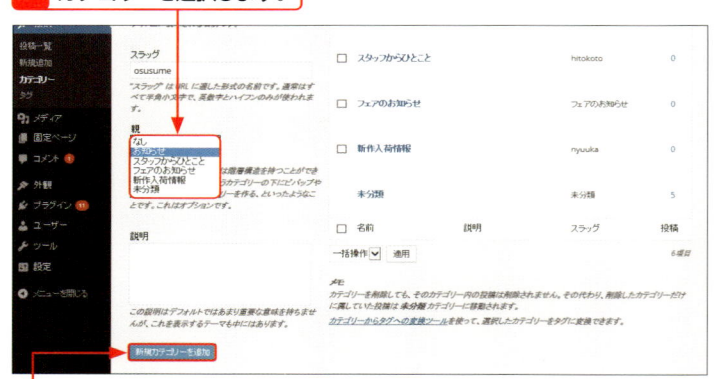

**4** ＜新規カテゴリーを追加＞をクリックします。

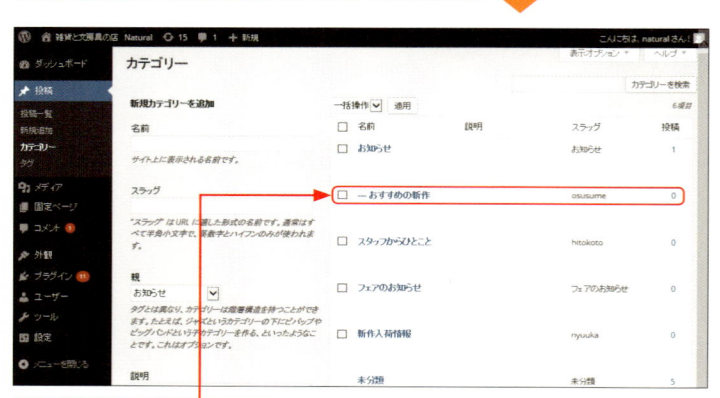

**5** 親カテゴリーの下に、子カテゴリーが作成されます。

## 4 カテゴリーを削除する

カテゴリーの編集画面を表示しています。

**1** 削除したいカテゴリー名にカーソルを合わせて、

**2** <削除>をクリックします。

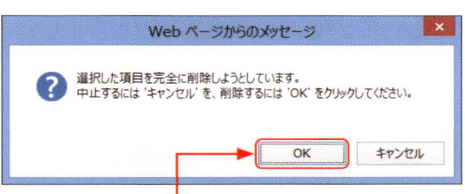

**3** <OK>をクリックします。

**4** カテゴリーが削除されました。

---

### Memo 削除したカテゴリーの記事

カテゴリーを削除すると、削除されたカテゴリーに属していた記事は、<未分類>のカテゴリーに移動します。<未分類>に移動した記事に再度別のカテゴリーを設定したい場合には、投稿の編集画面でカテゴリーを選択してください（Sec.55参照）。なお、複数の投稿にまとめてカテゴリーを設定したい場合は、<投稿一覧>の一括操作を使うと便利です（Sec.56参照）。

### Memo 削除は慎重に行う

カテゴリーの削除は、一度行うと元に戻すことができません。誤って削除しないように気をつけましょう。

## Section 54 投稿記事のスタイルを変えよう

**覚えておきたいキーワード**
▶ 投稿フォーマット
▶ 背景
▶ リンク

投稿フォーマットは、記事のレイアウトを変更する機能です。難しい設定をしなくても、背景に色をつけて目立たせたり、リンクURLを大きく表示したりできます。投稿内容に合わせて活用しましょう。いずれの場合も投稿の新規作成画面から選択して使用します。

### 1 投稿の背景に色をつける

**Keyword 投稿フォーマット**

投稿フォーマットとは、記事にいろいろなスタイルを適用できる機能です。投稿フォーマットを使うと、記事の背景に色をつけたり、リンクを大きく表示したりなど、メリハリのあるページを作ることができます。

ダッシュボードを表示しています。

1. <投稿>にカーソルを合わせて、

2. <新規追加>をクリックします。

3. タイトルと本文を入力します。

**Hint 投稿フォーマットの使い分け**

投稿フォーマットは、投稿内容やその目的によって使い分けることができます。たとえば、お知らせには<アサイド>、リンクを強調したい場合には<リンク>を選択するといった選択が可能です。

第7章 サイトにブログを作ろう

**4** 「投稿フォーマット」の＜アサイド＞を選択して、

**5** ＜公開＞をクリックします。

**6** ＜投稿を表示する＞をクリックします。

**7** 記事の背景に色が付きました。

---

## Memo ＜アサイド＞フォーマットの表示

投稿フォーマットに＜アサイド＞を選択すると、その投稿のタイトルが小さいフォントで表示されます。短いお知らせなどを掲載したい場合などに便利なフォーマットです。

## Hint 通常の投稿フォーマット

通常の投稿フォーマットは＜標準＞という名称です。投稿フォーマットを使用した記事を元に戻したい場合には、手順**4**の画面で＜標準＞を選択してください。

Section 54 投稿記事のスタイルを変えよう

第7章 サイトにブログを作ろう

## 2 リンクの文字を目立たせる

**Memo　<リンク>フォーマットの表示**

<リンク>フォーマットを使うと、投稿の中に含まれるリンク部分が自動で強調され、投稿の右上に「リンク」と表示されるようになります。

新規投稿画面で、投稿本文にリンクが含まれている状態です。

**1**　「投稿フォーマット」の<リンク>を選択して、

**2**　<公開>をクリックします。

**3**　<投稿を表示する>をクリックします。

**4**　リンク部分のテキストが強調されました。

**Memo　リンクの文字列**

リンクは、文字にリンクを張った状態のものでも、強調されます。一方、URLでもリンクが張られていない状態では、ただの文字列と見なされて強調されないので気をつけてください。

## 3 投稿者の名前を表示する

新規投稿画面で、記事の執筆を終えた状態です。

**1** 「投稿フォーマット」の<ステータス>を選択して、

**2** <公開>をクリックします。

**3** <投稿を表示する>をクリックします。

**4** 投稿者の名前とアイコンが表示されました。

### Memo <ステータス>フォーマットの表示

<ステータス>フォーマットを使うと、投稿者のアバター（アイコン）と名前が、記事のトップに表示されます。投稿者が複数いる場合などに便利です。

### Hint 投稿者のアバター

投稿者のアイコンは、「Gravatar」（http://ja.gravatar.com/）というサービスを使って表示されています。投稿者のアイコンを設定するには、「Gravatar」にアクセスし、アイコンにしたい画像を登録しましょう。

## Section 55 ブログ記事の編集や削除をしよう

投稿したブログを修正したい場合は、投稿一覧から記事の編集画面を開いて操作を行います。また、記事のタイトルやカテゴリーなど、一部の要素の変更のみを行いたい場合は、クイック編集機能を使うと便利です。不要な記事は削除することもできます。

**覚えておきたいキーワード**
▶ 投稿一覧
▶ 編集画面
▶ クイック編集

### 1 投稿内容を編集する

**Memo 投稿の編集**

投稿の編集も、基本的な操作は固定ページの場合と同じです。

ダッシュボードを表示しています。

1 ＜投稿＞をクリックします。

2 編集したい記事の上にカーソルを合わせ、＜編集＞をクリックします。

**Memo メニューの表示**

手順2の画面で、＜編集＞などのメニューは、投稿タイトルが表示された行にカーソルを置くことで表示されます。なお、＜表示＞をクリックすることで投稿を確認することができます。

**3** 投稿内容を編集して、

**4** <更新>をクリックします。

### Step up 投稿の予約公開

手順**3**の画面で、「公開日時」の右の<編集>をクリックすると、投稿の公開日時を設定することができます。ここで未来の日時を入力すると、その日時に自動的に投稿が公開されます。

## 2 クイック編集でタイトルやカテゴリーを編集する

投稿一覧を表示しています。

**1** 編集したい記事の上にカーソルを合わせ、

**2** <クイック編集>をクリックします。

### Memo クイック編集でできること

クイック編集ではタイトルやカテゴリーなどを変更することができますが、投稿本文の編集はできません。

**3** 投稿内容を編集して、

**4** <更新>をクリックします。

---

Section 55 ブログ記事の編集や削除をしよう

第7章 サイトにブログを作ろう

181

## 3 投稿をゴミ箱に入れる

**Hint ゴミ箱と削除**

ゴミ箱へ移動した投稿は投稿一覧には表示されなくなりますが、後から元に戻すことができます（P.183参照）。しかし、ゴミ箱から削除してしまった投稿は戻すことができません。

投稿一覧を表示しています。

1. 編集したい記事の上にカーソルを合わせ、＜ゴミ箱＞をクリックします。

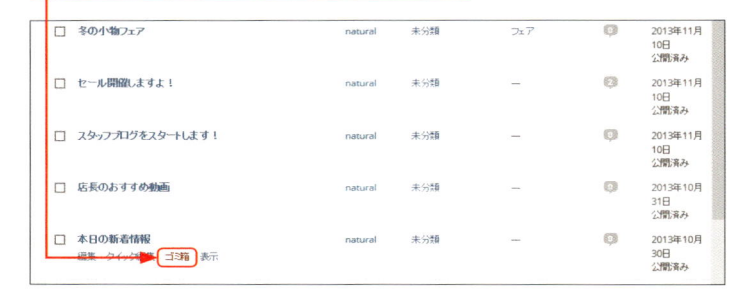

2. 投稿がゴミ箱に移動します。

**Memo ゴミ箱移動の取り消し**

手順2の画面で、＜取り消し＞をクリックすると、ゴミ箱に移動した投稿が一覧に戻ります。

## 4 ゴミ箱から削除する

**Memo 完全に削除すると戻せないので注意**

＜完全に削除＞をクリックすると、その投稿は元に戻すことができません。慎重に操作しましょう。

投稿一覧を表示しています。

1. ＜ゴミ箱＞をクリックします。

**2** 削除する投稿にカーソルを合わせ、＜完全に削除する＞をクリックすると、完全に削除されます。

### !Hint ゴミ箱の投稿を全て削除する

ゴミ箱の投稿を一度にまとめて削除したいときは、手順**2**の画面で、＜ゴミ箱を空にする＞をクリックしてください。

## 5 ゴミ箱の投稿を元に戻す

投稿一覧の＜ゴミ箱＞を表示しています。

**1** 元に戻したい投稿にカーソルを合わせて、＜復元＞をクリックします。

### !Hint 復元した投稿

ゴミ箱から復元した投稿は、ゴミ箱に移す前と特に変化はありません。カテゴリーなども同じままで復元します。

↓

**2** 投稿が投稿一覧に戻ります。

### 📄Memo 投稿が復元する場所

投稿は、ゴミ箱から復元すると、投稿一覧のもともとあった場所に復元されます。投稿一覧は基本的には投稿日時の早いものから順に並んでいます。

## Section 56 投稿を一括編集しよう

投稿した記事のカテゴリーやフォーマットなどをまとめて変更したい場合は、一括操作による編集が便利です。また、記事を作成した時期や記事のカテゴリーを指定して、特定のいくつかの記事だけを、一括操作の対象にすることも可能です。

**覚えておきたいキーワード**
▶ 一括操作
▶ 編集
▶ 絞り込み

### 1 投稿を一括編集する

**Memo　すべての投稿にチェックを入れる**

手順①の画面で、「タイトル」の横にあるチェックボックスにチェックを入れると、すべての投稿にチェックが入り、すべての投稿を一括操作することができます。

投稿一覧を表示しています。

**1** 編集する投稿にチェックを入れます。

**2** <一括操作>をクリックして、

**3** <編集>をクリックし、

**4** <適用>をクリックします。

**Step up　複数の記事をまとめてゴミ箱に移す**

一括操作で<ゴミ箱へ移動>を選択して<適用>をクリックすると、選択した投稿がすべてゴミ箱に移動します。

**5** 編集を行って、

**6** <更新>をクリックすると、一括編集できます。

## 2 条件を指定して一括編集する

投稿一覧を表示しています。

**1** 日付やカテゴリーなどの条件を指定して、

**2** <絞り込み検索>をクリックします。

**3** <タイトル>横のチェックボックスにチェックを入れて、

**4** <編集>を選択し、

**5** <適用>をクリックすると、編集画面が開きます。

### Hint 一括操作をキャンセルする

一括操作を中止したい場合には、画面左下の<キャンセル>をクリックしてください。

### Memo 投稿の検索

手順**1**の画面右上で、<投稿を検索>の左の入力欄に投稿タイトルなどを入力して<投稿を検索>をクリックすると、該当する投稿を検索できます。

Section 56 投稿を一括編集しよう

第7章 サイトにブログを作ろう

## Section 57 コメントを承認制にしよう

投稿に対するコメントを許可している場合、コメントの設定を詳細に行うことができます。コメントを承認制にすることで、事前にコメントをチェックできるだけでなく、大量投降などのスパムコメントを防ぐことができます。サイトの安全のためにも承認制にするとよいでしょう。

**覚えておきたいキーワード**
- コメント
- スパムコメント
- 承認

### 1 コメントの基本設定をする

**Memo コメントを承認制にする**

コメントは承認制にすることで、コメントの公開前にコメントをチェックすることができるようになります。

ダッシュボードを表示しています。

1 <設定>にカーソルを合わせ、

2 <ディスカッション>をクリックします。

3 <コメントの手動承認を必須にする>のチェックをクリックしてオンにし、

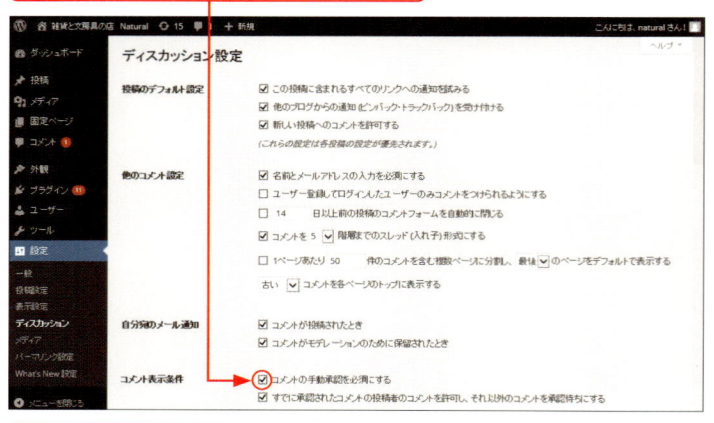

4 画面を下にスクロールします。

**Memo コメントの設定内容**

手順3の画面ではコメントに関するいろいろな設定をすることができます。例えばコメントを、承認制にしたり、コメントの際に名前とメールアドレス欄の入力を必須にしたり、1ページあたりに表示するコメントの件数を決めたりできます。必要に応じて、設定を変更しましょう。

5 コメントへのアバターの表示を設定して、

6 <変更を保存>をクリックします。

### Memo アバターとは

手順5では、コメントの横に表示される訪問者のアイコンを設定しています。訪問者が自分のアバターを持っていない場合に標準で表示するアバターを選ぶことができます。

## 2 コメントを承認する

ダッシュボードを表示しています。

1 <コメント>をクリックします。

新しいコメントが表示されています。

2 承認したいコメントにカーソルを合わせ、<承認する>をクリックします。

### Memo コメントの通知

投稿にコメントがあると、ダッシュボードのトップ画面の「アクティビティ」の部分に表示があります。

### Memo コメントの操作メニュー

手順2の画面の<承認する><返信>などのメニューは、コメントの上にカーソルを合わせることで表示されます。

## 3 コメントに返信する

### 📝 Memo　コメントを承認しない

手順❶の画面で、＜承認しない＞をクリックすると、「承認待ち」として、ダッシュボードのトップ画面に表示されます。＜ゴミ箱＞をクリックすることで、コメントの一覧からゴミ箱に移すことも可能です。

前ページの方法で、＜コメント＞画面を表示しています。

**1** 返信するコメントにカーソルを合わせ、＜返信＞をクリックします。

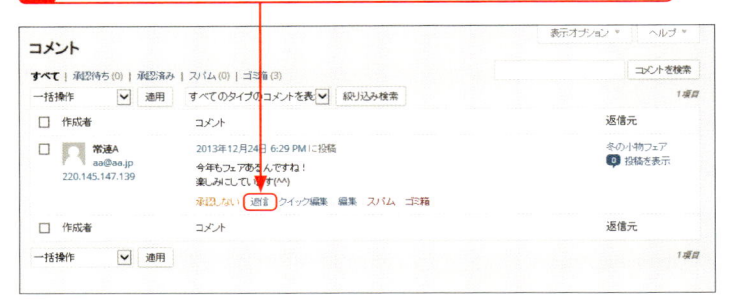

**2** 返信内容を入力して、

**3** ＜返信＞をクリックします。

**4** コメントに返信しました。

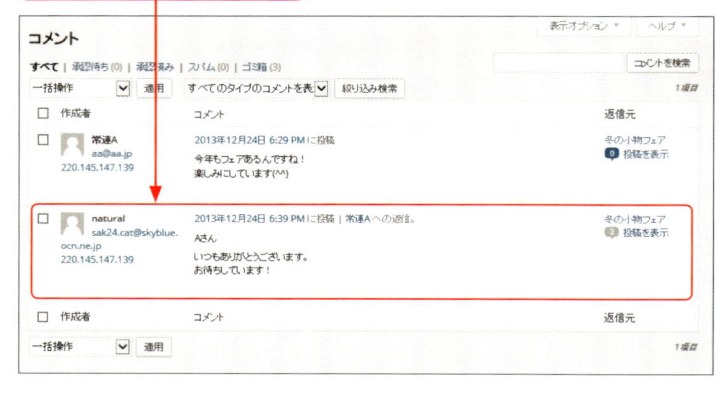

### ❗ Hint　コメントのテキスト入力

手順❷の画面で、コメントへの返信を入力する際には、取り消し線やアンダーラインといった、ビジュアルエディタと同じような機能を使用することができます。

## 4 コメントをスパム報告する

P.187の方法で、<コメント>画面を表示しています。

**1** 問題のあるコメントにカーソルを合わせ、<スパム>をクリックします。

**2** コメントがスパム報告され、非表示になります。

**3** <スパム>をクリックすると、スパムコメントの一覧が表示されます。

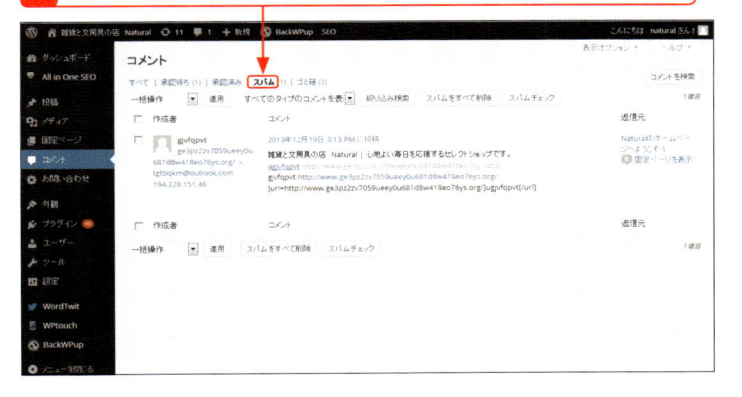

---

**! Hint　スパムコメントを報告する**

不正に書きこまれたスパムコメントだと判断した場合は、手順**1**の画面で<スパム>をクリックします。このコメントをしたユーザーは以降マークされ、新着コメントとして表示されなくなります。

**Memo　スパム報告を取り消す**

コメントのスパム報告を取り消すには、手順**2**の画面で<取り消し>をクリックします。

Section 57　コメントを承認制にしよう

第7章　サイトにブログを作ろう

189

## Section 58 投稿に「続きを読む」を設定しよう

覚えておきたいキーワード
▶ 続きを読む
▶ Moreタグ
▶ リンク

投稿の月別一覧やカテゴリーごとの一覧など、複数の投稿が並んでいるページでは、全文を表示するのではなく、指定した場所までを表示させてその先に「続きを読む」というリンクをつけることができます。テキストが長くなった場合はこの設定をしておくとよいでしょう。

### 1 「続きを読む」を設定する

**Hint 「続きを読む」を設定するメリット**

この設定を使用することで、投稿一覧のページが長くなるのを防ぎ、目的の投稿が見つかりやすくなります。

ダッシュボードを表示しています。

1 <投稿>にカーソルを合わせて、

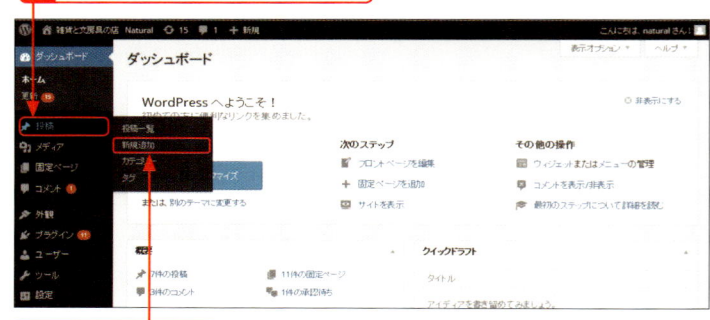

2 <新規追加>をクリックします。

3 タイトルと本文を入力します。

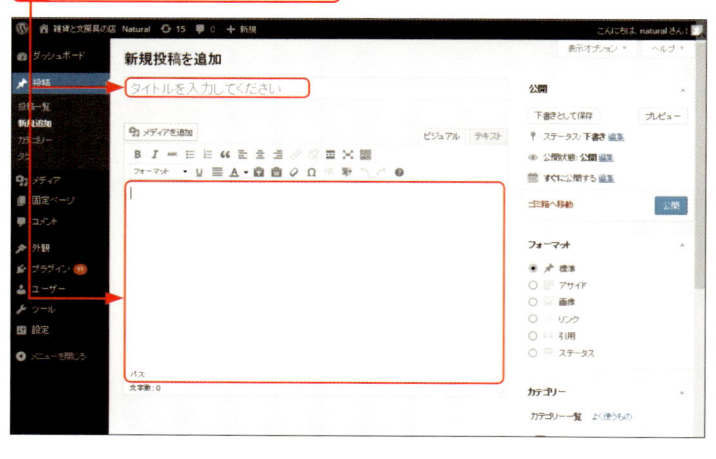

**Hint 固定ページでの操作**

固定ページを作成する際にも、「続きを読む」を挿入することができますが、固定ページではこの機能は表示されないので注意しましょう。

第7章 サイトにブログを作ろう

**4** 「続きを読む」を表示したい場所をクリックし、

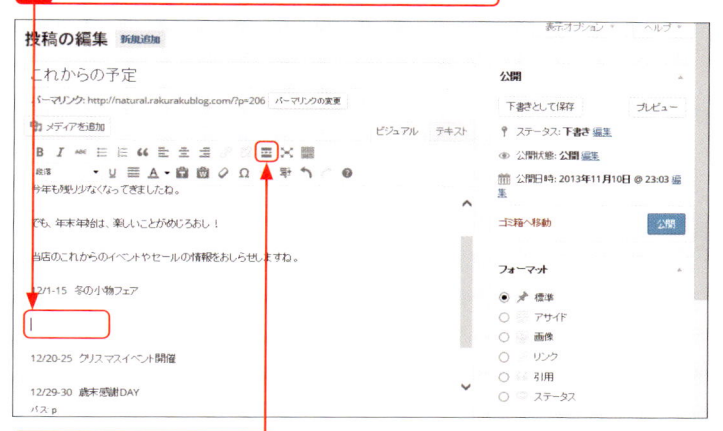

**5** ▭ をクリックします。

**6** <公開>をクリックします。

**7** 投稿一覧画面で、「続きを読む」が表示されます。

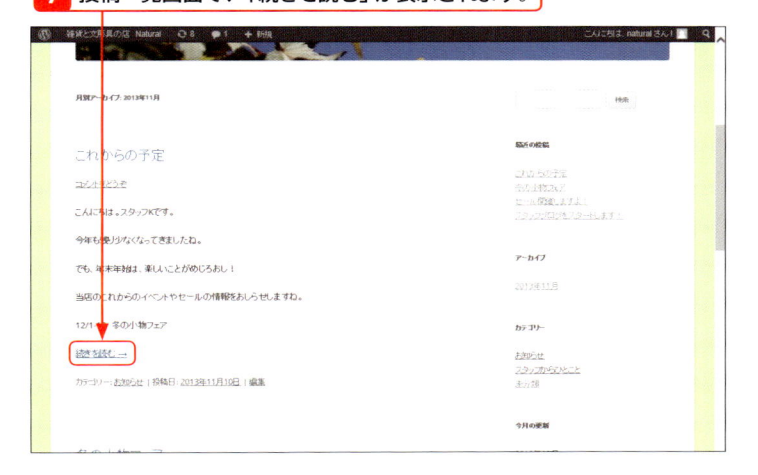

## Hint 「続きを読む」の挿入位置

「続きを読む」を入れる位置は、その投稿の大まかな内容が分かり、なおかつ長すぎない場所に設定するとよいでしょう。

## Hint 「続きを読む」を入れた記事

「続きを読む」を挿入した場合も、カテゴリーやフォーマットなどは通常の記事と同様に設定することができます。

## Hint 一覧画面と個別ページ

「続きを読む」を設定した場合でも、その投稿の個別ページには全文が表示されます。複数の記事が1つの画面に並んでいる一覧表示の状態で、「続きを読む」が適用されます。

# Section 59 ブログをメニューに表示しよう

覚えておきたいキーワード
▶ カテゴリー
▶ ブログ
▶ メニュー

ブログに設定したカテゴリーは、固定ページと同じように、サイトのヘッダー部分のメニューに反映させることができます。メニューをクリックすることで、そのカテゴリーの投稿の一覧が表示されるので、かんたんに読みたい投稿を閲覧することができます。

## 1 カテゴリーをメニューに表示させる

**Memo カテゴリーをメニューに表示する**

固定ページと同様に、投稿のカテゴリーもサイト上部のメニューに反映することができます。特に訪問者に読んでもらいたいカテゴリーなどをメニューに加えるとよいでしょう。

P.88の方法で、メニューの設定画面を表示しています。

**1** ＜カテゴリー＞をクリックします。

**2** メニューに追加したいカテゴリーにチェックを入れ、

**3** ＜メニューに追加＞をクリックします。

**Hint 子カテゴリーをメニューに反映する**

子カテゴリーも、親カテゴリーと同じように、メニューに反映することができます。

4 カテゴリーをドラッグして並び替えて、

5 <メニューを保存>をクリックします。

### Memo メニューの表記を変える

固定ページをメニューに追加するのと同様に、手順4の画面で、カテゴリー名の右横の▼をクリックすると、メニュー上での表記を変更することができます。

## 2 メニューを確認する

サイトを表示しています。

1 カテゴリー名をクリックします。

2 カテゴリーが設定されている投稿の一覧が表示されます。

### Memo メニューの表示

メニューには、固定ページと投稿は特に区別されずに表示されます。並び順は、手順4の画面で設定した通りになります。

## Section 60 アイキャッチ画像を設定しよう

**覚えておきたいキーワード**
- アイキャッチ画像
- メディアを追加
- 画像

アイキャッチ画像とは、投稿に挿入することで画面にメリハリをつけるための画像のことです。これを設定すると＜メディアを追加＞からの画像の挿入をしていない場合でも、投稿の上部に画像が表示されるようになります。画像を大きく見せたい場合などに便利です。

### 1 投稿にアイキャッチを入れる

**Memo アイキャッチ画像が設定された投稿**

アイキャッチ画像を設定した投稿の上部には、選択した画像が表示されるようになります。画像を挿入したい場所が特にない場合は、この機能を使って画像を挿入してもよいでしょう。

新規投稿画面を表示しています。

1 ＜アイキャッチ画像を設定＞をクリックします。

2 画像をクリックして、

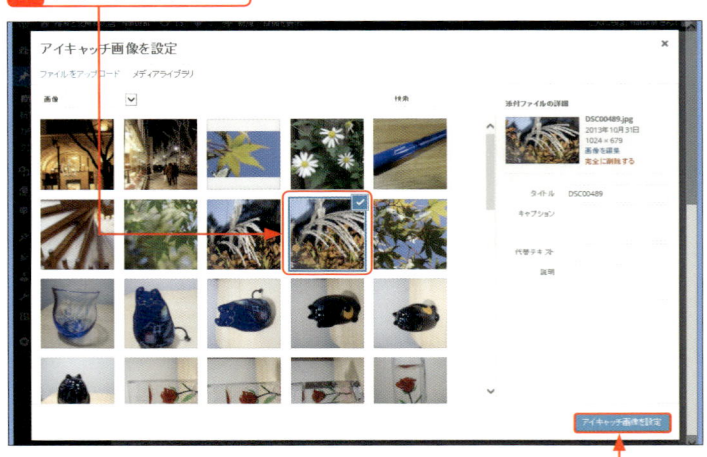

3 ＜アイキャッチ画像を設定＞をクリックすると、画像が設定されます。

# 第8章

# ソーシャルメディアと連携しよう

Section 61 ▶ Facebookに同時投稿しよう
Section 62 ▶ Twitterに自動投稿しよう
Section 63 ▶ Twitterのツイートをサイドバーに表示しよう
Section 64 ▶ ページにソーシャルボタンを設置しよう

# Section 61 Facebookに同時投稿しよう

覚えておきたいキーワード
▶ Facebook
▶ Jetpack
▶ 同時投稿

「Jetpack by WordPress.com」というプラグインを使用して、ウェブサイトへの投稿を、自動的にFacebookにも投稿できるようにします。この設定をすることで、サイト訪問者だけでなく、Facebookでつながりのあるユーザーにもサイトの最新情報を伝えることができます。

## 1 プラグインの設定をする

**Memo　Jetpack by WordPress.com**

このプラグインは、WordPressが提供するプラグインのひとつで、WordPressを便利に使用するためのさまざまな機能を追加することができます。使用するには、WordPressが運営するブログサービス「WordPress.com」のアカウントが必要となります。

P.119の方法で、「Jetpack」を検索しています。

1 「Jetpack by WordPress.com」の＜いますぐインストール＞をクリックします。

2 ＜OK＞をクリックします。

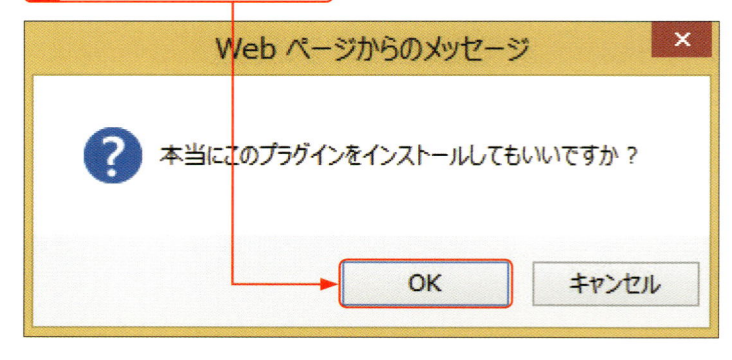

**Memo　WordPress.com**

「WordPress.com」は、WordPressが運営するブログサービスです。ドメインやサーバーを用意しなくても使用することができます。無料で使用可能ですが、WordPressに比べると、いくつかの機能は使えなくなっています。

**3** ＜プラグインを有効化＞をクリックします。

**4** ＜WordPress.comと連携＞をクリックします。

**5** ＜アカウントが必要ですか?＞をクリックします。

---

**Memo WordPress.com に登録する**

本書では、WordPress.comのアカウントを新規登録する手順を説明します。アカウントの登録は無料で行うことができます。

**Memo 既存のアカウントでログインする**

すでにWordPress.comのアカウントを持っている場合は、手順**5**の画面でユーザー名とパスワードを入力し、＜Jetpackの認証＞をクリックしてください。その後の手順はP.198手順**1**の画面以降と同様です。

Section 61 Facebookに同時投稿しよう

第8章 ソーシャルメディアと連携しよう

197

## Memo  WordPress.com のアカウント登録

手順6の画面で入力するメールアドレスやユーザー名、パスワードは、必ずしもWordPressに登録したものと同じでなくても構いません。

**6** メールアドレスやユーザー名を入力して、

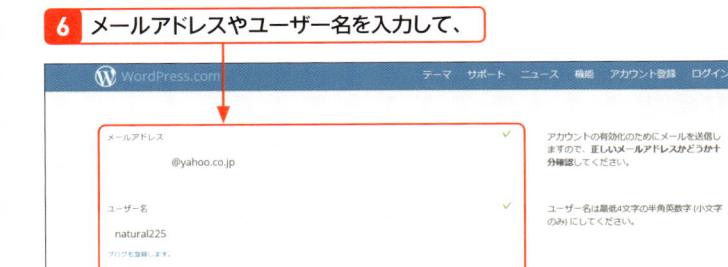

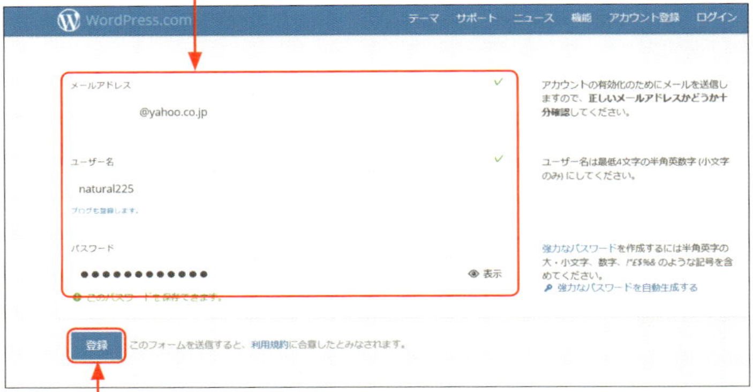

**7** <登録>をクリックします。

**8** 手順6で入力したメールアドレスにメールが届くので、記載されたURLにアクセスします。

**9** <Jetpackの認証>をクリックすると、Jetpackの設定が完了します。

## 2 Facebookとの連携設定をする

### Memo  Jetpackの認証後

Jetpackの認証が完了すると、画面が自動的にダッシュボードに切り替わります。

上記の手順の続きです。

**1** ダッシュボードに戻るので、画面を下にスクロールして、

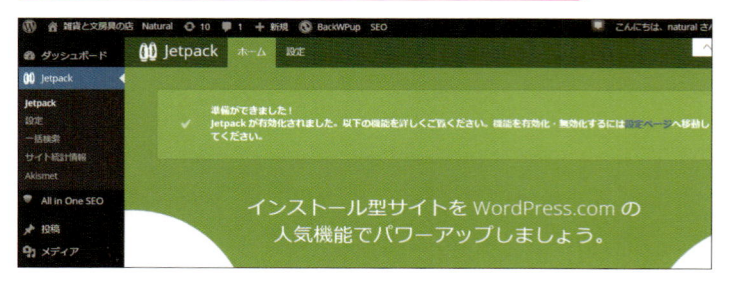

**2** <Jetpackの全機能を表示>をクリックします。

**3** <パブリサイズ共有>をクリックします。

**4** <パブリサイズ共有設定>をクリックします。

### Hint　Jetpackの機能

このプラグインには、ここで解説するFacebookとの連携のほかにも、多くの便利な機能が搭載されています。使いたい機能を選んで設定するだけで使用することができます。手順**3**の画面ではさまざまな機能が説明されているので、気になるものがあれば、使ってみましょう。

### Memo　パブリサイズ共有

「パブリサイズ共有」機能では、投稿とソーシャルネットワークの連携を設定することができます。

### Hint　SNSとの共有

手順**4**の画面にもあるように、パブリサイズ共有機能を使うと、Facebook以外にも、TwitterなどのSNSと投稿を共有することができます。

Section 61　Facebookに同時投稿しよう

第8章　ソーシャルメディアと連携しよう

## !Hint  Facebook以外のSNSとの共有設定

ここではFacebookとの連携方法を解説していますが、他のSNSと連携したい場合は、手順5の画面で、該当するSNSの<連携>をクリックし、共有の設定を行ってください。

**5** 「Facebook」の<連携>をクリックします。

## Memo  Facebookへのログイン

すでにFacebookにログインしている状態で操作している場合は、手順5の画面のあと、許可を求める画面が数回表示されるので、<OK>をクリックします。その後の手順は、手順9以降と同様です。

**6** メールアドレスとパスワードを入力して、

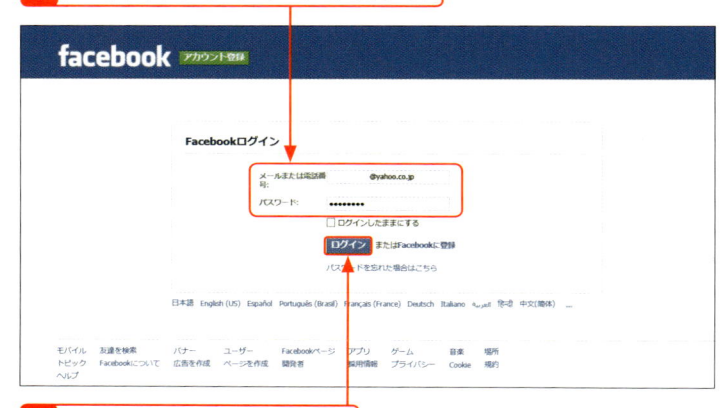

**7** <ログイン>をクリックします。

**8** WordPressとの連携の許可を求める画面が数回表示されるので、その都度<OK>をクリックします。

## Memo  投稿を共有するアカウント

手順9の画面では、投稿の共有先として、Facebookの個人アカウントもしくはFacebookページを選ぶことができます。

**9** 連携したいアカウントもしくはページを選択して、

**10** <OK>をクリックすると、設定が完了します。

## 3 Facebookに同時投稿する

Sec.51の方法で「新規投稿を追加」画面を開き、タイトルや本文を入力しています。

**1** 「パブリサイズ共有」の<編集>をクリックします。

**2** 「カスタムメッセージ」欄にFacebookに投稿したいテキストを入力して、

**3** <公開>をクリックします。

**4** Facebookを見ると、同時投稿されていることが確認できます。

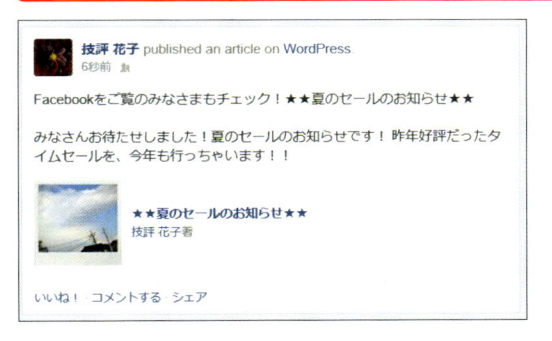

---

**Memo　パブリサイズ共有の表示**

手順**1**の画面にあるような、「パブリサイズ共有」の表示は、Jetpackを有効化し、パブリサイズ共有機能の設定をすることによって表示されます。なお、この機能は投稿にのみ有効です。固定ページ作成画面では使用できません。

**Memo　カスタムメッセージの入力**

手順**2**の画面では、Facebookに投稿を共有する際に、一緒に表示するテキストを入力することができます。

**Memo　共有された投稿**

手順**4**の画面で、Facebookに共有された投稿のタイトル部分をクリックすると、ウェブサイトの投稿のページが表示されます。

Section 62

# Twitterに自動投稿しよう

**覚えておきたいキーワード**
▶ 更新
▶ Twitter
▶ WordTwit

WordPressのサイトを更新した際に、その通知を自動でTwitterに投稿しましょう。サイトの更新を自動的にフォロワーに知らせることができ、より多くの人にサイトの情報を伝えることができます。ここではプラグイン「WordTwit」を使って、Twitterに同時投稿する方法を解説します。

## 1 WordTwitをインストールする

**Memo WordTwitとは**

このプラグインも、Jetpackと同様に記事更新を自動投稿するためのものです。WordTwitはTwitter投稿用となります。

P.119の方法で、「WordTwit」を検索しています。

① <いますぐインストール>をクリックします。

② <OK>をクリックします。

③ <プラグインを有効化>をクリックして、インストールを完了します。

第8章 ソーシャルメディアと連携しよう

202

## 2 自動投稿の設定をする

前ページの手順の続きです。

**1** ＜WordTwit＞にカーソルを合わせ、

**2** ＜Accounts＞をクリックします。

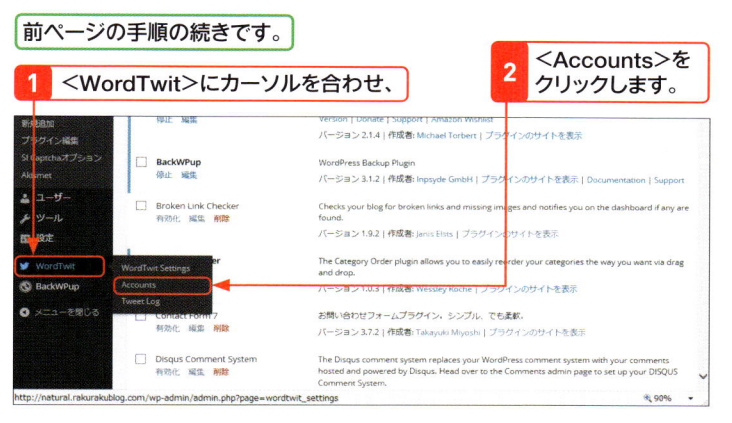

**3** ＜Configure on Twitter now＞をクリックします。

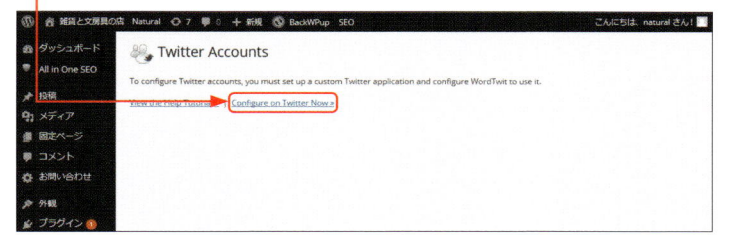

**4** ＜Sign in＞をクリックします。

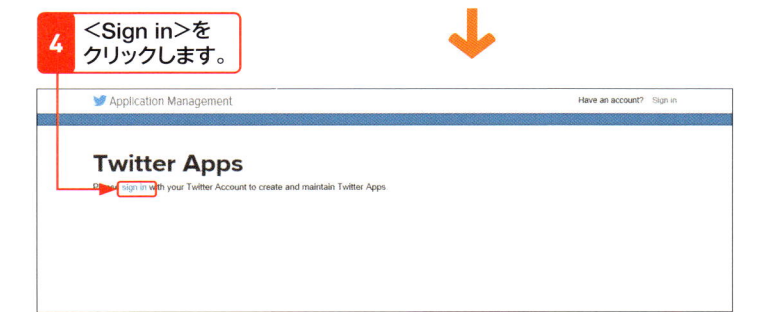

**5** Twitterのアカウントとパスワードを入力して、

**6** ＜ログイン＞をクリックします。

### Memo サイトへの登録が必要

自動投稿を有効にするためには、WordTwitのサイトにTwitterアカウントを登録する必要があります。

### Memo この画面は閉じない

手順**3**で＜Configure on Twitter now＞をクリックすると、新しいタブやウィンドウでWordTwitのサイトが開きますが、WordPressの画面は閉じずにそのままにしておいてください。

## 第8章 ソーシャルメディアと連携しよう

### 📄 Memo　アカウントの登録

この操作は、WordTwitに自分のサイトを登録するためのものです。Twitterのアカウントを持っていない場合は取得しましょう。

### 📄 Memo　サイトの登録

手順 7 の画面では、同時投稿をするサイトの情報を登録しています。URLなどに間違いがないようにしましょう。

### 📄 Memo　同時投稿を可能にする設定をする

手順 12 で＜Read and Write＞を選ぶことで、このプラグインによる同時投稿を可能にします。

---

**7** サイト名とサイトの説明を入力して、

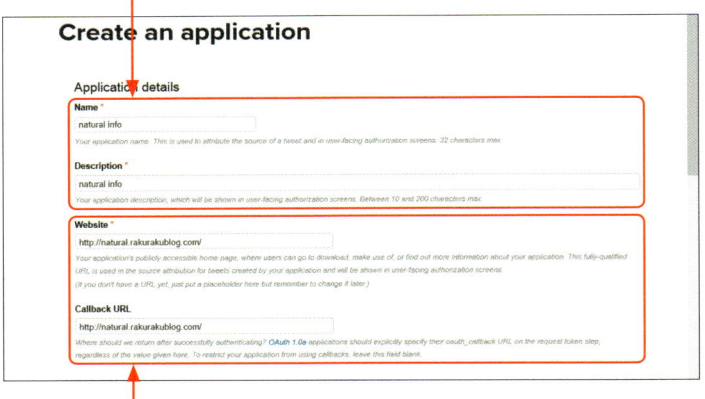

**8** 「Website」と「Callback URL」に、サイトのURLを入力します。

**9** ＜Yes, I agree＞にチェックを付け、

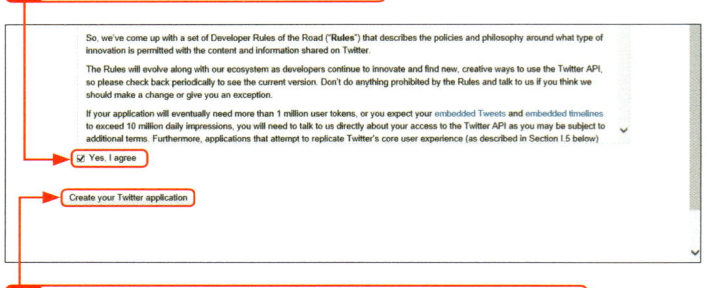

**10** ＜Create your Twitter application＞をクリックします。

**11** ＜Permissions＞をクリックして、

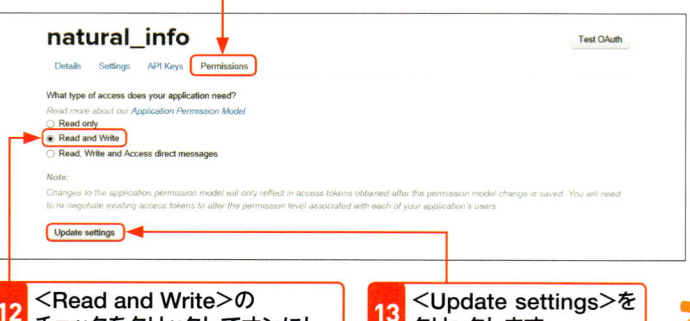

**12** ＜Read and Write＞のチェックをクリックしてオンにし、

**13** ＜Update settings＞をクリックします。

**14** ＜API Keys＞をクリックして、

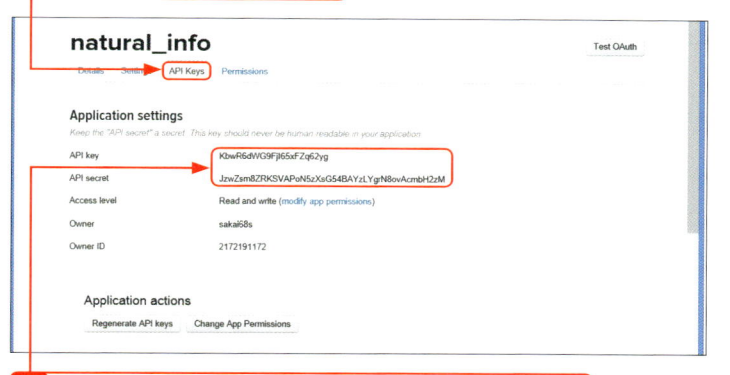

**15** 表示されている2種類の文字列をそれぞれコピーします。

**16** WordPressのダッシュボードを表示し、

**17** ＜WordTwit＞をクリックします。

**18** ＜Options＞をクリックし、

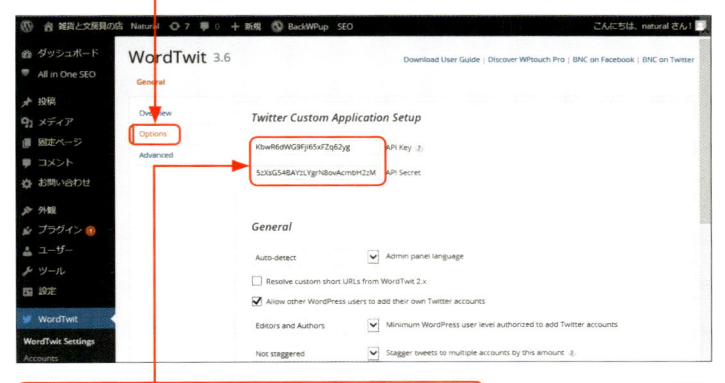

**19** 手順**15**でコピーした文字列をペーストします。

## Memo キーのコピー

発行された2種類のキーを、WordPressでインストールしたプラグインにインストールします。2つのウィンドウを同時に開いてひとつずつコピーするか、メモ帳などに一度にコピーして作業すると便利です。

## Memo キーの設定

手順**19**でプラグインにキーを設定することで、WordTwitの同時投稿機能が使用可能となります。

## !Hint プラグインの詳細設定

手順20の画面では、プラグインの動作について詳細に設定することができます。英語表記で分かりにくい場合は、本書で解説している操作以外は初期設定のままで問題ありませんので、そのままにしておきましょう。

**20** 画面を下にスクロールして、

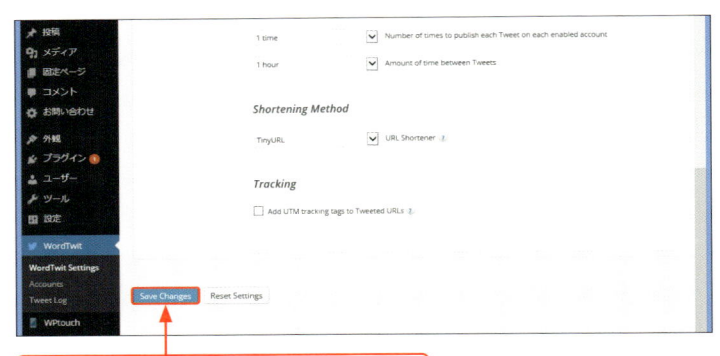

**21** ＜Save Changes＞をクリックします。

**22** ＜Accounts＞をクリックして、

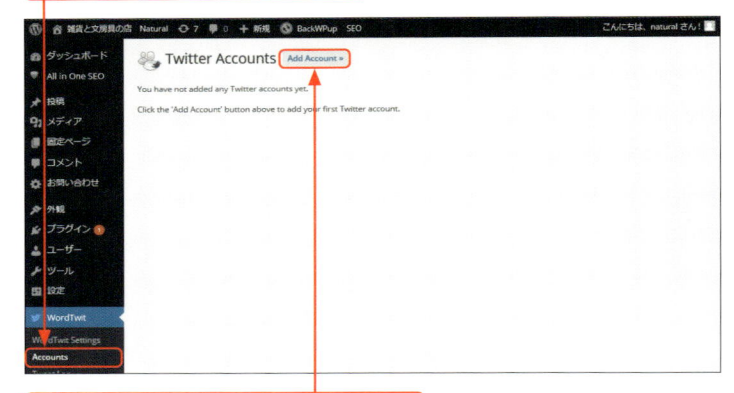

**23** ＜Add Account＞をクリックします。

**24** ＜連携アプリを認証＞をクリックします。

## Step up アプリの認証

＜連携アプリを認証＞をクリックして少し待つと、プラグインの設定画面に戻り、認証したアカウントが表示されます。

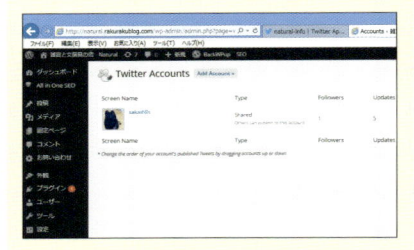

## Memo 設定がうまくいかない場合

手順24の画面がうまく表示されないなど、操作に不具合があった場合は、手順20の画面で＜Reset Settings＞をクリックすると、プラグインの設定を初期化することができます。その上で、P.203からの方法を再度試してみましょう。

## 3 Twitterに同時投稿する

「新規投稿を追加」画面を表示しています。

**1** タイトルと本文を入力します。

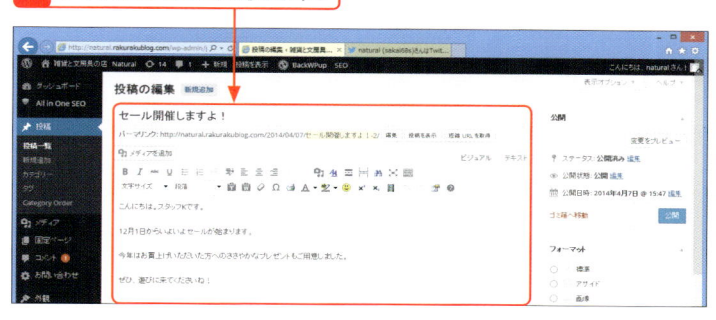

⬇

**2** <公開>をクリックします。

⬇

**3** Twitterを表示すると、同時投稿されていることが確認できます。

---

**Memo　Twitterに同時投稿される内容**

Twitterには、投稿およびページのタイトルと、投稿およびページの短縮URLがツイートされます。

**Memo　TwitterのURL**

TwitterにツイートされたURLをクリックすると、WordPress上のその記事およびページを表示することができます。

# Section 63 Twitterのツイートをサイドバーに表示しよう

覚えておきたいキーワード
▶ Twitter
▶ ウィジェット
▶ サイドバー

Twitterのウィジェットを利用すると、Twitterでのツイートをサイドバーに表示させることができます。初めに表示させたいTwitterアカウントの設定画面からコードを取得し、それをWordPressのウィジェットに追加するという手順で設置を行います。

## 1 ウィジェットを作成する

**Memo Twitterのウィジェットとは**

Twitterウィジェットを使うと、Twitterに投稿したツイートをサイドバーに表示させることができます。Twitterの情報もサイト上で伝えることができる便利な機能です。

Twitterにログインして、Twitterを開いています。

1 歯車のアイコンをクリックして、

2 <設定>をクリックします。

3 <ウィジェット>をクリックします。

**Memo ウィジェットの作成**

Twitterウィジェットを作成するために、まずはサイトに表示するアカウントでTwitterにログインしてください。

**4** <新規作成>をクリックします。

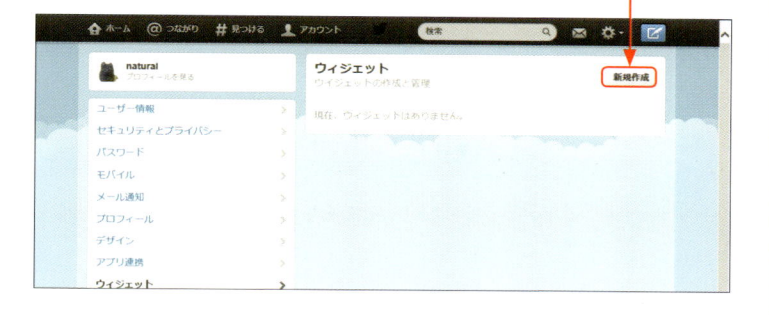

**5** <ウィジェットを作成>をクリックします。

**6** 表示されたコードをコピーします。

### Memo 既存のウィジェットを利用する

過去にウィジェットを使用したことがある場合には、手順**4**の画面に表示される既存のウィジェットを選択して、使用することも可能です。

### Hint ウィジェットのオプション

手順**5**の画面では、表示内容やサイズなどをカスタマイズすることができます。設定内容は、「プレビュー」下部のプレビュー画面に反映されます。

### Memo 作成したコード

手順**6**でコピーしたコードをサイトに貼ることによって、ツイートを表示できるようになります。

## 2 ウィジェットを設置する

**📄 Memo　コード取得後の作業**

Twitterの設定画面でコードを作成したら、WordPressのダッシュボードに戻って設定を続けます。

ダッシュボードを表示しています。

1. <外観>にカーソルを合わせて、
2. <ウィジェット>をクリックします。

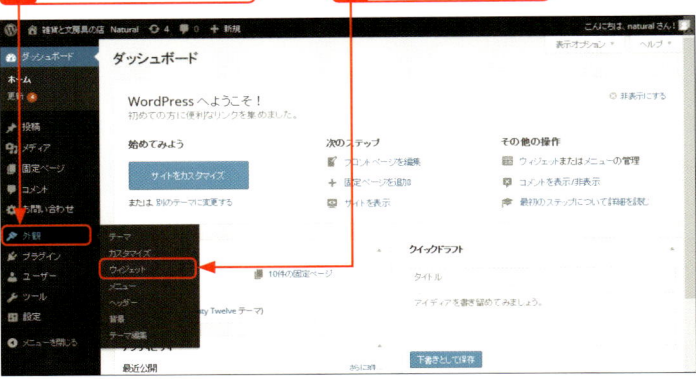

**❗ Hint　ウィジェットの選択**

手順❸で画面左側に表示されているのが、WordPressで使用することのできるウィジェットの一覧です。この中から、サイドバーで表示したいものを移動させて使用します。ウィジェットの操作については、Sec.35を参照してください。

3. <テキスト>を、画面右側へドラッグします。

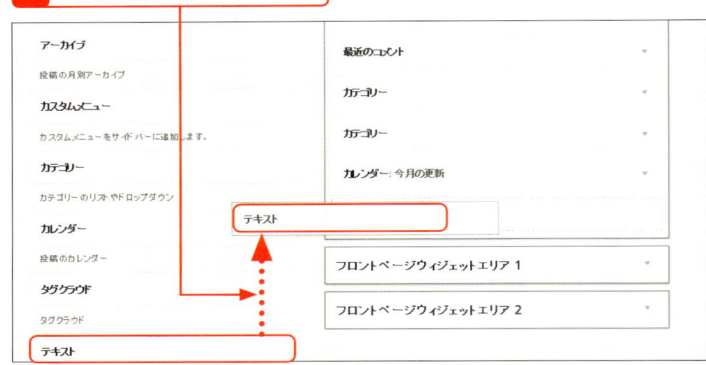

4. タイトルを入力して、

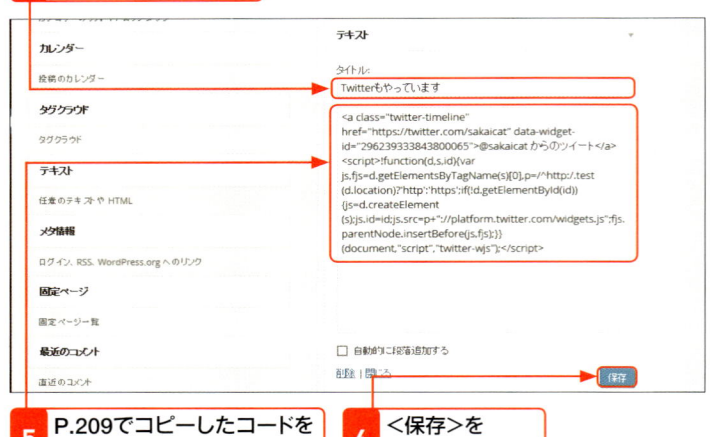

**📄 Memo　タイトルとは**

手順❹で入力するタイトルは、サイドバーでツイートが表示されるスペースの一番上に表示されます。

5. P.209でコピーしたコードを貼り付け、
6. <保存>をクリックします。

第8章　ソーシャルメディアと連携しよう

## 3 表示を確認する

**1** 画面上部のサイト名にカーソルを合わせて、

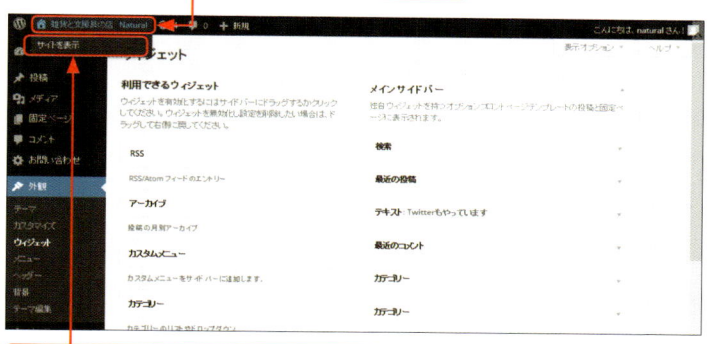

**2** ＜サイトを表示＞をクリックします。

**3** サイドバーにツイートが表示されます。

**4** 表示部分をクリックします。

**5** Twitterの画面が開きます。

### Memo ツイートの表示されるページ

サイドバーが表示されないフロントページテンプレートや全幅固定ページテンプレートを使用したページには、ウィジェットが表示されていないので、ツイートも表示されません。

### Memo サイト上からフォローする

手順**3**の画面で、訪問者がTwitter表示部分の＜フォローする＞をクリックすると、訪問者に自分のアカウントをフォローしてもらうことができます。

## Section 64 ページにソーシャルボタンを設置しよう

**覚えておきたいキーワード**
▶ ソーシャルメディア
▶ ソーシャルボタン
▶ SNS

サイトのトップページやブログの各ページなどにソーシャルメディアと連携したボタンを設置しておくと、SNSを通してサイトの情報が拡散しやすくなります。このプラグインは非常にたくさんのSNSに対応しているので、必要なものを選んで設置してください。

第8章 ソーシャルメディアと連携しよう

### 1 WP Social Bookmarking Lightをインストールする

**Keyword ソーシャルボタン**

自分がアカウントを持っているソーシャルメディアのボタンをクリックすると、そのことがソーシャルメディアでつながりのある人たちにも伝わる仕組みを持ったボタンを、ソーシャルボタンと呼んでいます。具体的には、FacebookやTwitter、LINEなどのボタンなどがあります。

P.119の方法で、プラグインのインストール画面を開いています。

1 検索ウィンドウに<WP Social Bookmarking Light>と入力して、

2 <プラグインの検索>をクリックします。

3 <いますぐインストール>をクリックします。

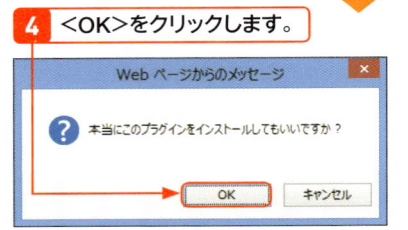

**Memo ソーシャルボタンを押すと**

ページに設置されたソーシャルボタンをクリックすることで、FacebookやTwitterをはじめとした各種のソーシャルメディアにサイトの情報を送ることができます。Facebookなら「シェア」、Twitterなら「ツイート」として、ボタンを押したページのリンクが送信されます。

4 <OK>をクリックします。

**5** <プラグインを有効化>をクリックします。

> **Memo** WP Social Bookmarking Lightとは
>
> WP Social Bookmarking Lightは、サイトにかんたんにソーシャルボタンを設置することができるプラグインです。設置するボタンの種類は、自由に選ぶことができます。

## 2 ソーシャルボタンを設置する

**1** <設定>にカーソルを合わせて、

**2** <WP Social Bookmarking Light>をクリックします。

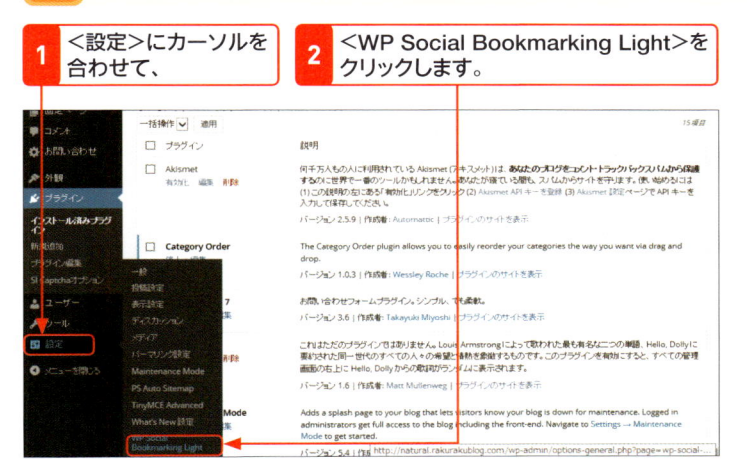

> **Memo** WP Social Bookmarking Lightの設定メニュー
>
> WP Social Bookmarking Lightの設定メニューは、ダッシュボードのサイドバーメニュー<設定>の内部にあります。

**3** ボタンの表示位置と対象を選択して、

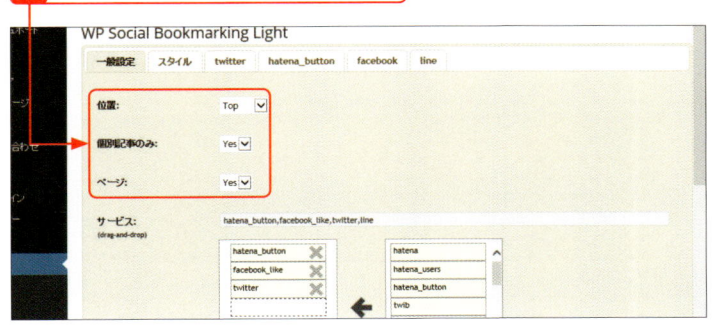

> **Memo** ソーシャルボタンの設定
>
> 手順**3**の画面では、ソーシャルボタンの設置に関する設定をすることができます。ページのどの部分に表示するかといったことや、固定ページと投稿、それぞれの表示の有無を設定できます。ここでは、投稿と固定ページの上部にボタンを表示する設定にしています。

## 📝 Memo 設置できるボタンの種類

このプラグインでは、Facebook、Twitter、LINE、はてなブックマークなどのソーシャルボタンを設置できます。各ボタンの説明は、手順4の画面の下部に掲載されています。

## 📝 Memo ユーザー名とパスワードとは？

手順4の画面で、上部の＜Twitter＞タブをクリックすると、ソーシャルボタンの言語設定などをすることができます。＜Facebook＞タブをクリックすることで、Facebookのボタンでも同様の設定を行うことができます。

## 📝 Memo ソーシャルボタンの表示

手順7の画面で、ソーシャルボタンの横に吹き出しがあるものには、ボタンがクリックされた数が表示されます。

---

**4** 設置したいボタンを左のスペースにドラッグして、

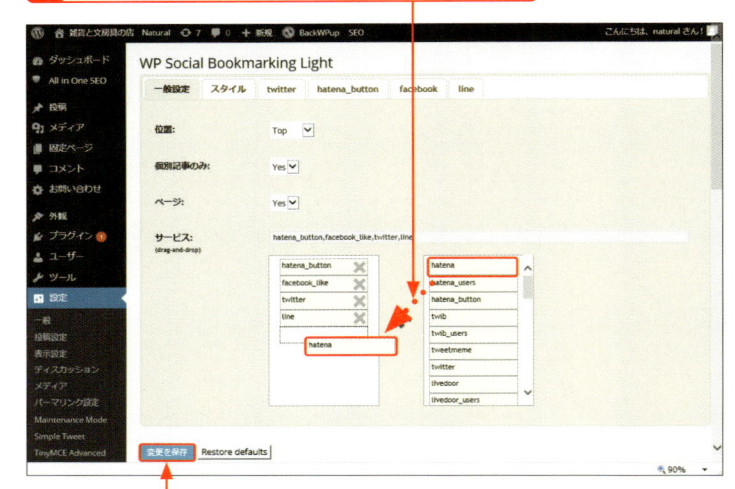

**5** ＜変更を保存＞をクリックします。

**6** ＜サイト名＞をクリックします。

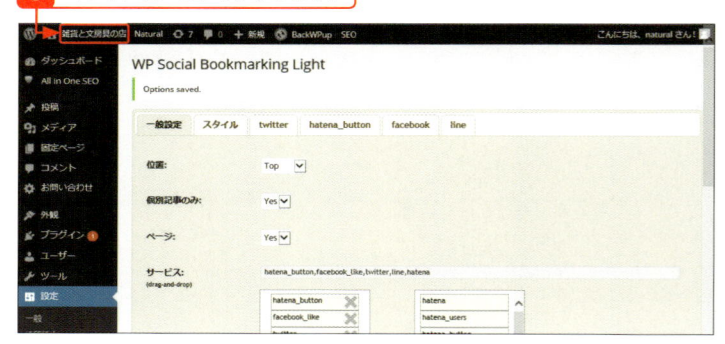

**7** ソーシャルボタンが設置されました。

# 第 9 章

# ［サイトを運営・管理しよう］

- Section 65 ▶ プラグインでSEOを実施してみよう
- Section 66 ▶ プラグインでセキュリティ対策をしよう
- Section 67 ▶ リンク切れを自動で確認しよう
- Section 68 ▶ データのバックアップをとろう
- Section 69 ▶ サイトの管理者を複数にしよう
- Section 70 ▶ WordPressを更新しよう

# Section 65 プラグインでSEOを実施してみよう

**覚えておきたいキーワード**
▶ SEO
▶ 検索
▶ キーワード

SEOとは、Googleなどの検索エンジンの検索結果に、サイトを表示されやすくするための工夫のことです。基本的なSEO対策として、検索されやすい言葉をあらかじめキーワードとして設定しておく方法などがあり、WordPressでは、プラグインによってそれらをかんたんに設定できます。

## 1 All in One SEO Packをインストールする

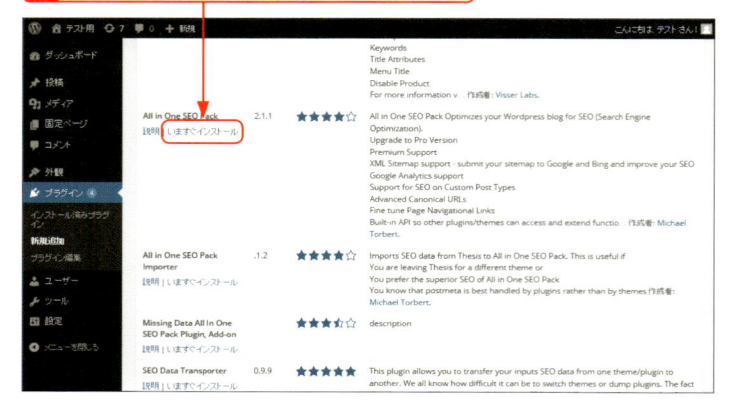

**Keyword　SEO**

SEOとは、「Search Engine optimization」（検索エンジン最適化）の略語で、ウェブサイトを検索エンジンで検索した時に上位に表示されやすくする工夫のことです。

P.119の方法で、プラグインのインストール画面を開いています。

1. 検索ウィンドウから＜All in One SEO Pack＞と入力し、 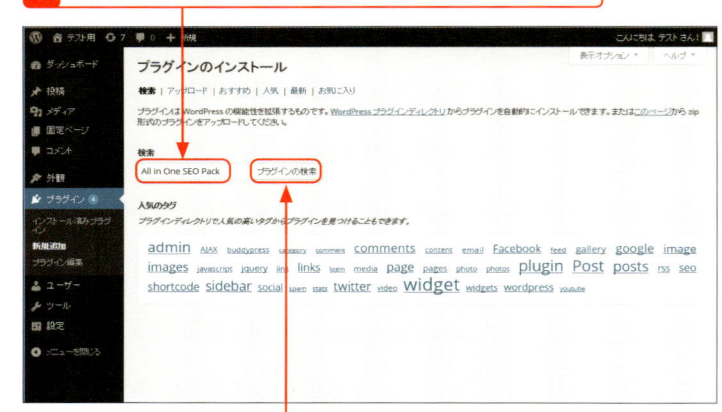
2. ＜プラグインの検索＞をクリックします。
3. ＜いますぐインストール＞をクリックします。

**Memo　SEO対策の効果**

適切なSEO対策を行うことにより、ウェブサイト名などで検索された際に、検索結果のより上位に表示されるようになり、サイトを見つけやすくなります。

**4** <OK>をクリックします。

**5** <プラグインを有効化>をクリックして、プラグインを有効化します。

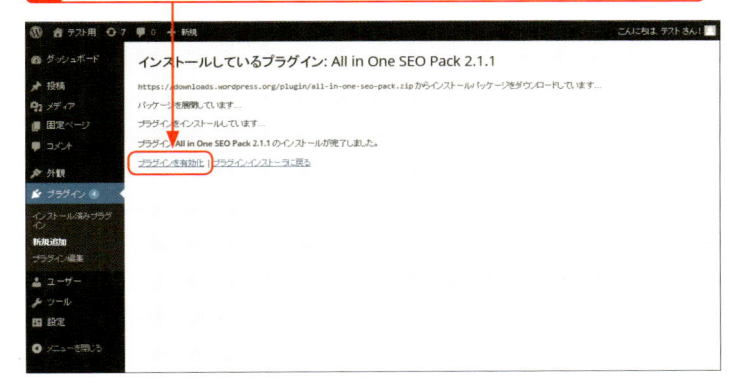

> **Memo** SEOにプラグインを使うメリット
>
> SEO対策にプラグインを利用すると、キーワードの選出やそれをサイト内に記載する作業を自動で行うことができ、サイトの運営を効率化できます。

## 2 プラグイン全体の設定をする

上記の手順の続きです。

**1** <All in One SEO Pack>にカーソルを合わせて、

**2** <General Settings>をクリックします。

> **Memo** プラグインの設定
>
> All in One SEO Packプラグインの設定画面は、ダッシュボードのサイドバーの一番上に表示されます。

## ! Hint サイトのキーワード

手順6で入力するサイトのキーワードには、自分のサイトの内容に関係のあるキーワードを入力しましょう。これにより、そのキーワードで検索された時に表示順位が上がりやすくなります。

## Memo ホーム詳細のテキスト

手順5で入力する<ホーム詳細>とは、検索エンジンの検索結果に表示されるテキストになります。

## Memo キーワードの自動生成

手順4〜6の画面で、<メタキーワードとしてカテゴリーを使う>、<メタキーワードとしてタグを使う>、<動的に投稿ページのキーワードを生成する>にチェックを入れると、カテゴリー名やタグ、投稿から自動的にSEO対策のためのキーワードを生成することができます。

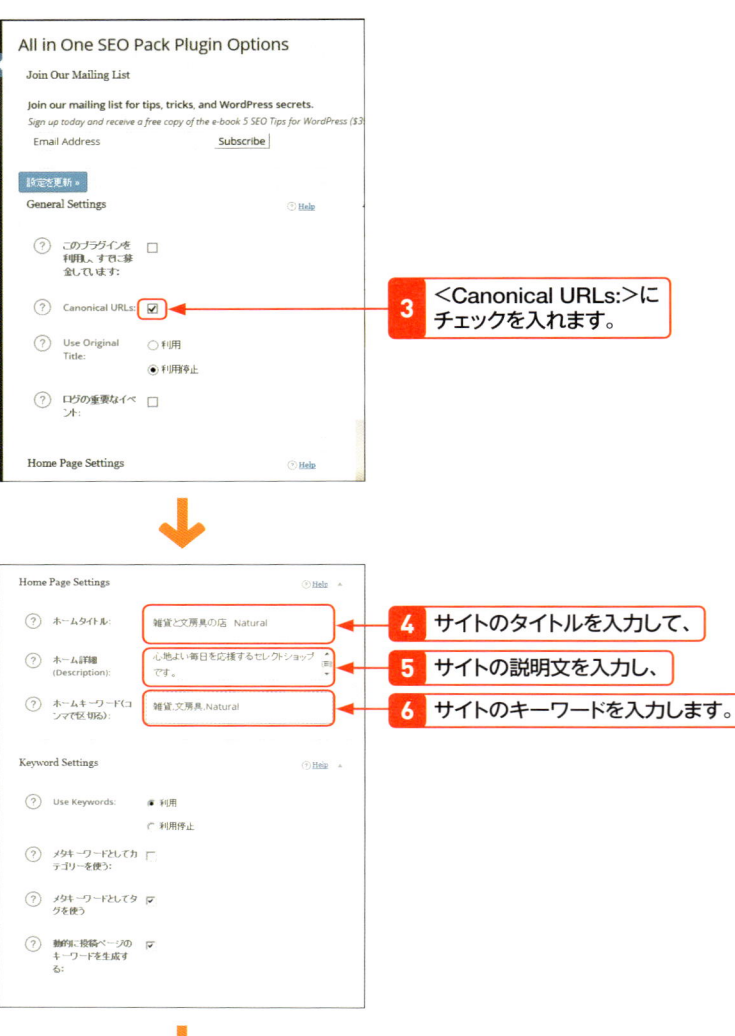

---

**3** <Canonical URLs:>にチェックを入れます。

**4** サイトのタイトルを入力して、

**5** サイトの説明文を入力し、

**6** サイトのキーワードを入力します。

**7** 画面を下にスクロールし、

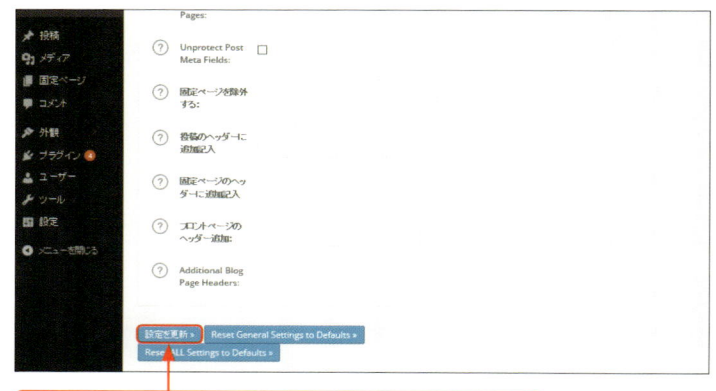

**8** <設定を更新>をクリックして、設定を完了します。

## 3 ページごとにSEOの設定をする

新規固定ページの作成画面を表示しています。

**1** タイトルと本文を入力し、

**2** 画面を下にスクロールします。

**3** <Title>にページのタイトルを入力して、

**4** <Description>にページの説明を入力し、

**5** <Keywords>にキーワードを入力します。

**6** 画面上部に戻って、<公開>をクリックすると、SEO対策されたページが公開されます。

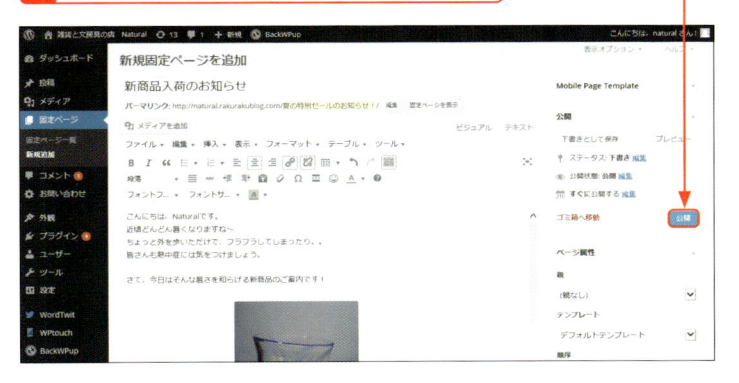

### Hint ページごとのSEO対策

All in One SEO Packをインストールすると、自動で、ページや投稿の作成画面にSEO対策設定機能が追加されます。これにより、ページ単位でより細かくSEOの設定をすることができます。

### Hint 設定する内容

手順3で設定するページのタイトルは、実際にサイト上で表示されるタイトルではありません。検索に関係する、HTMLのtitleタグの内容が書き換えられます。手順4 5で設定するページの説明とキーワードも同様に、サイト上には表示されません。なお、手順3の画面の「Preview Snippet」には、検索エンジンの検索結果に表示される情報のプレビューが表示されます。

### Hint タグの設定とキーワード

P.218下のMemoの方法でキーワードの自動生成を設定している場合、記事個別のキーワードを入力しなくても、タグの設定を行うことでキーワードも設定されます。

## Section 66 プラグインでセキュリティ対策をしよう

**覚えておきたいキーワード**
▶ パスワード
▶ 不正ログイン
▶ セキュリティ

WordPressの管理者用画面であるダッシュボードには、ユーザー名とパスワードを使ってログインします。しかし、初期設定の状態ではパスワードは入力エラーが起きても何度でも入れ直すことが可能なため、不正ログインされる可能性があります。ここでは、それを防止するプラグインを導入します。

### 1 Login LockDownをインストールする

**Memo Login LockDownとは**

このプラグインでは、ログイン画面で、一定の回数パスワードの入力を間違えた時に、ログインできなくする機能を追加します。

P.119の方法で、プラグインのインストール画面を開いています。

**1** 検索ウィンドウから＜Login LockDown＞と入力し、

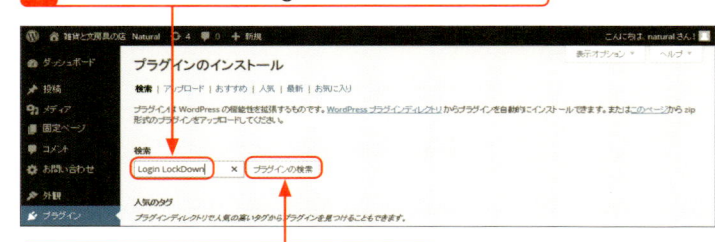

**2** ＜プラグインの検索＞をクリックします。

**3** ＜いますぐインストール＞をクリックします。

**4** ＜OK＞をクリックします。

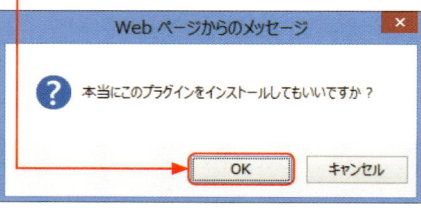

**Hint 検索するテキストは正確に**

「Login LockDown」は、類似した名前のプラグインが多く存在します。検索する際は、プラグインの名前を正確に入力しましょう。

**5** <プラグインを有効化>をクリックします。

**6** <設定>にカーソルを合わせて、

**7** <Login LockDown>をクリックします。

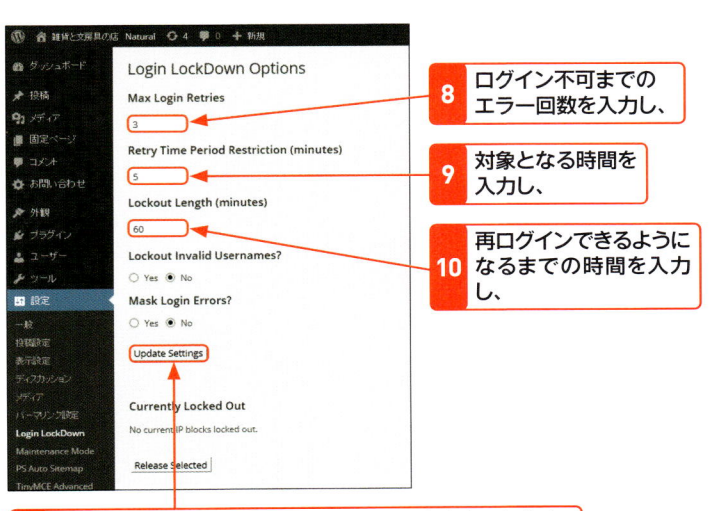

**8** ログイン不可までのエラー回数を入力し、

**9** 対象となる時間を入力し、

**10** 再ログインできるようになるまでの時間を入力し、

**11** <Update Setting>をクリックして、設定を完了します。

## Hint プラグインの設定画面

Login Lock Downプラグインの設定画面は、ダッシュボードのサイドバーの<設定>の中に表示されます。

## Memo 設定の方法

たとえば、手順**8**〜**10**のとおりに設定すると、「5分以内に3回ログインに失敗すると、60分間は再度ログインすることができない」という状態になります。

## Memo ログインに失敗した場合

このプラグインで設定した時間内と回数でログインを失敗すると、以下のように、警告のメッセージが表示されます。

> **ERROR**: We're sorry, but this IP range has been blocked due to too many recent failed login attempts.
>
> Please try again later.
>
> ユーザー名
>
> パスワード
>
> Login form protected by Login LockDown.

## Section 67 リンク切れを自動で確認しよう

**覚えておきたいキーワード**
▶ リンク切れ
▶ 通知
▶ プラグイン

ウェブサイト上で、他のページや外部のサイトへ移動するためのリンクが、無効になっているものがないかを自動で確認するプラグインを使用します。設定した時間ごとにリンク切れを確認して、メールなどで結果の通知を受けることができます。

### 1 Broken Link Checkerをインストールする

**Memo Broken Link Checkerとは**

このプラグインを使うと、サイト内に設置したリンクで無効となったものを自動的に検出することができます。ひとつひとつ手動で確認する手間が省け、効率的です。

P.119の方法で、プラグインのインストール画面を開いています。

**1** 検索ウィンドウから<Broken Link Checker>と入力し、

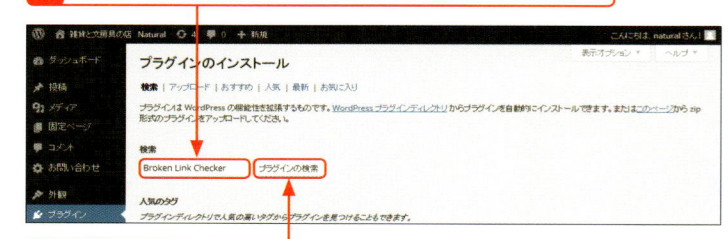

**2** <プラグインの検索>をクリックします。

**3** <いますぐインストール>をクリックします。

**4** <OK>をクリックします。

**Hint リンク切れのチェックはSEOにも有効**

リンクが切れているリンクがサイト上に存在していると、検索エンジンからの評価も下がります。リンク切れのない状態を保つことは、SEO対策としても有効です。

第9章 サイトを運営・管理しよう

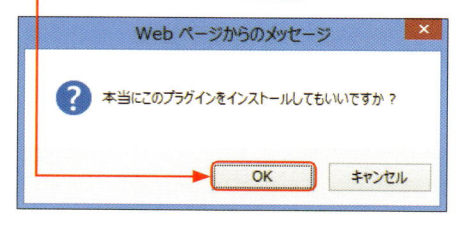

**Section 67 リンク切れを自動で確認しよう**

**第9章 サイトを運営・管理しよう**

---

**5** ＜プラグインを有効化＞をクリックします。

**6** ＜設定＞にカーソルを合わせて、

**7** ＜Broken Link Checker＞をクリックします。

**8** リンク切れをチェックする時間の間隔を入力し、

**9** ＜変更を保存＞をクリックすると、設定が完了します。

---

**Hint　リンク切れをメールで通知**

手順**8**の画面で、＜新たに検出されたリンクエラーに関してメール通知を受ける＞にチェックを入れると、リンク切れが発見された際に、WordPressに登録しているメールアドレスに通知されるようになります。

**Hint　その他の設定**

手順**8**の画面では、画面上部の＜リンクチェック対象＞や＜リンク種類チェック対象＞などのタブをクリックして、どのようなページのリンクをチェックするのかなどを設定できます。

**Memo　リンク切れの表示**

リンク切れがあった場合、Broken Link Checkerの設定画面上部にメッセージが表示され、クリックすることで詳細を見ることができます。

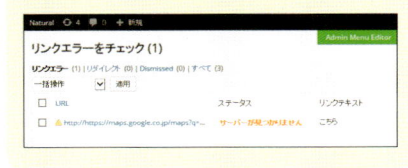

223

# Section 68 データのバックアップをとろう

ウェブサイトを運営する時には、トラブルなどでデータが消えてしまった場合に備えて、サイトデータのバックアップをとっておくと安心です。「BackWPup」は、自動で定期的にバックアップファイルを作成し、保存することができるプラグインです。

**覚えておきたいキーワード**
- バックアップ
- バックアップファイル
- データー

## 1 BackWPupをインストールする

### Memo BackWPupとは

WordPressサイトを運営するために必要なデータはインターネット上に置かれていますが、何らかの理由で、そのデータが消えてしまうこともあり得ます。その際に、サイトを復元できるように別のサーバーや自分のパソコンなどにデータを保存しておくプラグインが、BackWPupとなります。

プラグインのインストール画面を開いています。

1. 検索ウィンドウから＜BackWPup＞と入力し、

2. ＜プラグインの検索＞をクリックします。

3. ＜いますぐインストール＞をクリックします。

4. ＜OK＞をクリックします。

### Memo バックアップにプラグインを使うメリット

データのバックアップにBackWPupを使用することで、一定期間ごとに自動的にバックアップをとることができ、効率よくウェブサイトの運営をすることができます。

**5** <プラグインを有効化>をクリックします。

## 2 バックアップの設定をする

上記の手順の続きです。

**1** 「Welcome to BackWPup」画面が表示されます。

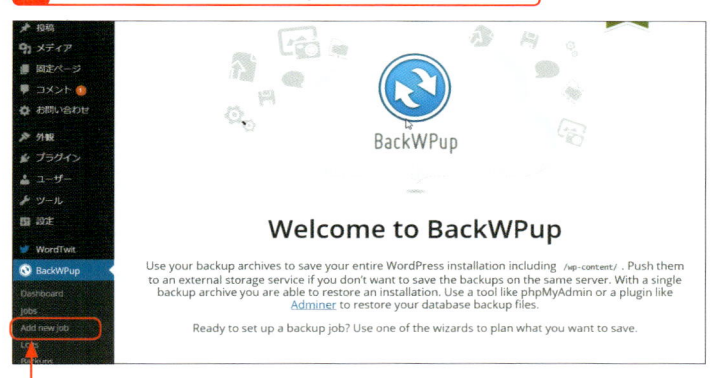

**2** <Add new job>をクリックします。

**3** <Job Name>に任意のタイトルを入力し、

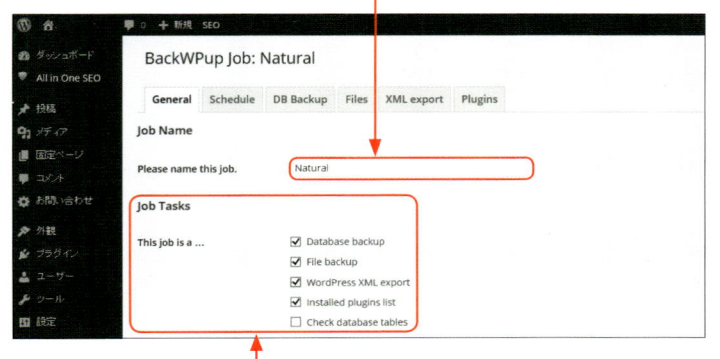

**4** <Job Tacks>で、行いたい操作にチェックを入れます。

### Memo BackWPupの設定画面

プラグインを有効化すると、ダッシュボードのサイドバーの<設定>に<BackWPup>メニューが表示されます。

### Memo BackWPupのタイトル

手順**3**の画面では、バックアップに関する一般的な設定を行います。<Job Name>はバックアップに設定するタイトルになるので、自分で分かりやすいものを入力しましょう。

### Memo バックアップ操作の設定

<Job Tasks>では、このプラグインでどのようなバックアップを行うかを設定します。基本的にはすべてにチェックを入れて問題ありません。
・Database backup（データベース）
・File backup（バックアップファイル）
・WordPress XML export（投稿内容）
・Installed plugins list
　（インストール済プラグイン一覧）
・Check database tables
　（データベーステーブルのチェック）

Section 68 データのバックアップをとろう

第9章 サイトを運営・管理しよう

225

## !Hint バックアップの保存先

BackWP upでは、バックアップの保存先を、フォルダだけではなく、さまざまなクラウドサービスからも選ぶことができます。バックアップは大容量になることもあるので、クラウド上に保存することをお勧めします。ここでは、Dropbox（https://www.dropbox.com/）に保存する方法を説明します。

**5** 「Archive Format」でバックアップのファイル形式（ここでは＜Zip＞）を選び、

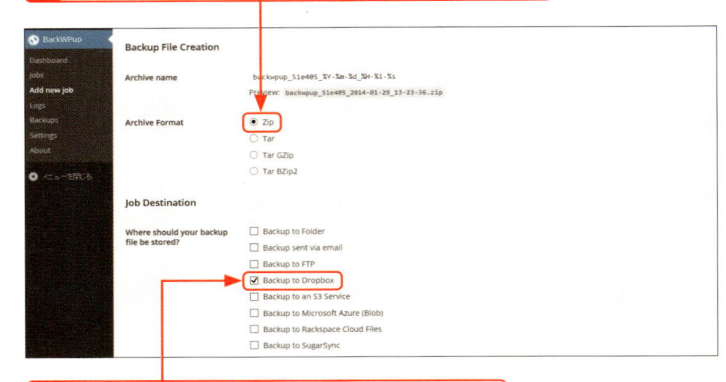

**6** 「Job Destination」で、バックアップの保存先（ここでは＜Dropbox＞）を選びます。

**7** ＜Schedule＞をクリックします。

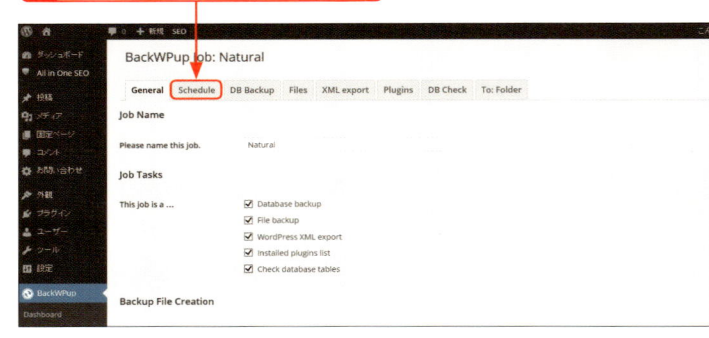

**8** 「Start job」での＜with WordPress cron＞をクリックしてオンにします。

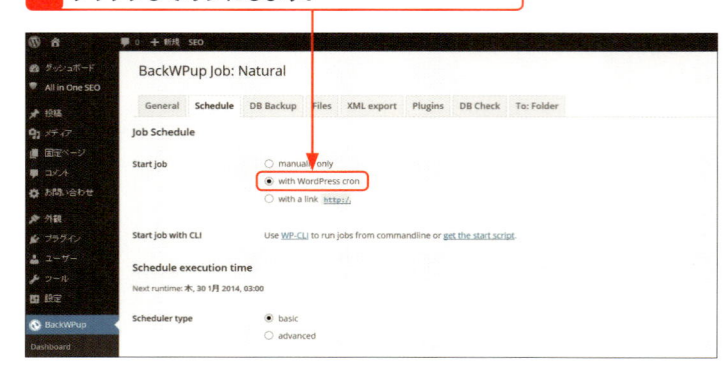

## 📝Memo バックアップのタイミング

手順**8**では、バックアップをとるタイミングを設定することができます。「with WordPress cron」を選択することで、自動でバックアップをとることができます。

**9** バックアップをとる周期を設定し、

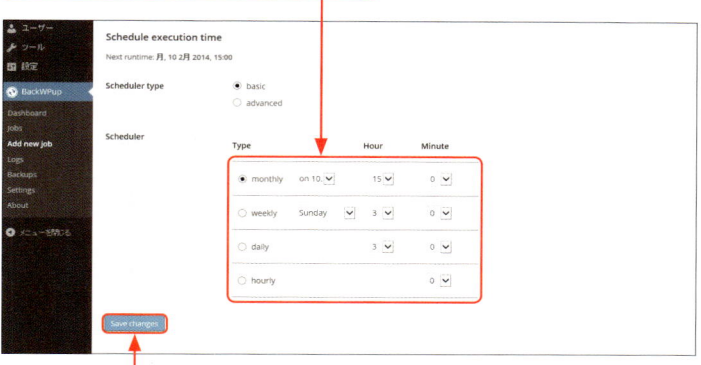

**10** ＜Save changes＞をクリックします。

**11** ＜To Dropbox＞をクリックします。

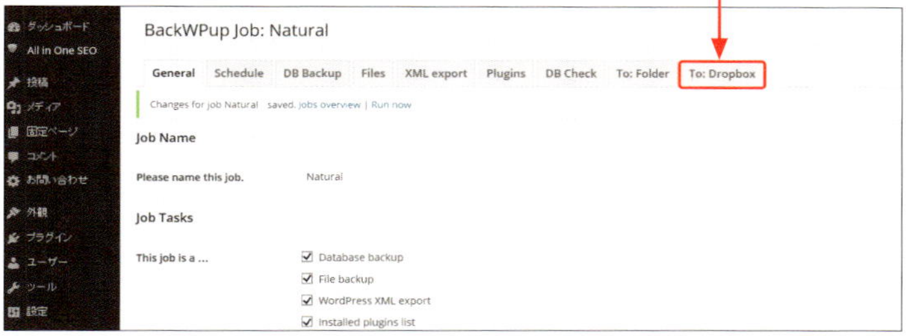

**12** 「Authenticate」の＜Reauthenticate (Sandbox)＞をクリックします。

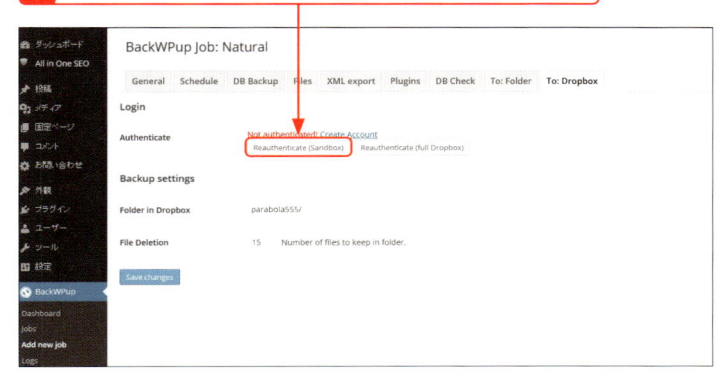

## Hint バックアップの周期

手順**9**では、バックアップをとる周期を設定します。「monthly」（月ごと）、「weekly」（週ごと）、「daily」（日ごと）、「hourly」（毎時）から選択することができ、さらに、それぞれの項目で、日にちや時間を具体的に指定することができます。手順**9**の画面では、「毎月10日の15時」にバックアップをとる設定になっています。

## Memo ＜To Dropbox＞のメニュー

＜To Dropbox＞のメニューは、左ページの手順**6**で、バックアップ先としてDropboxを選んだ場合に表示されます。

## Memo Dropboxに新規登録する

Dropboxのアカウントを持っていない場合は、手順**12**の画面で、＜Create Account＞をクリックすると、Dropboxに新規登録が可能です。Dropboxは、2GBの容量を無料で使うことができるインターネット上のストレージサービスです。

Section 68 データのバックアップをとろう

第9章 サイトを運営・管理しよう

## Memo ログイン画面から新規登録する

手順13の画面の＜アカウントを作成＞をクリックすることでも、Dropboxへの新規登録が可能です。

---

**13** Dropboxの＜メールアドレス＞と＜パスワード＞を入力し、

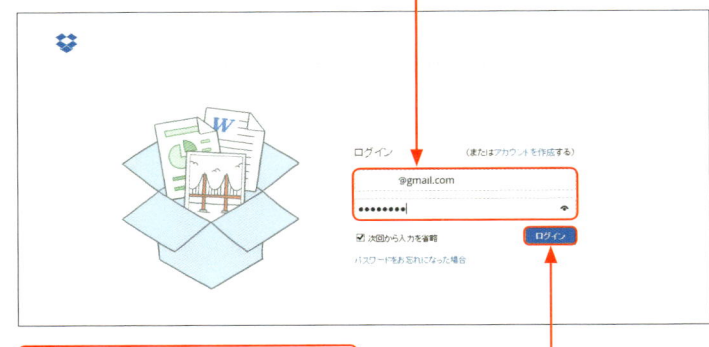

**14** ＜ログイン＞をクリックします。

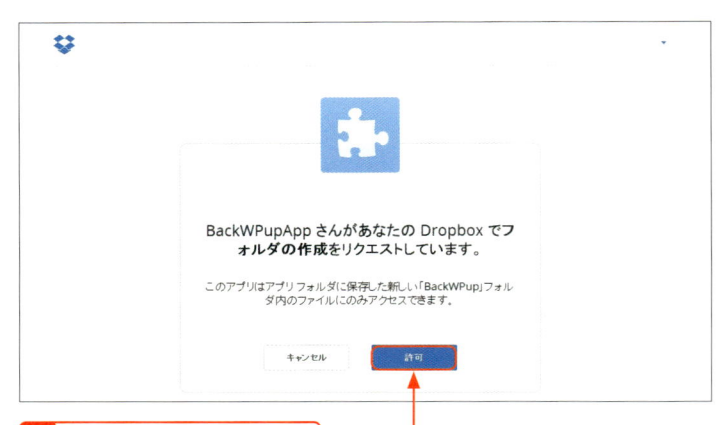

↓

**15** ＜許可＞をクリックします。

↓

**16** ＜Save changes＞をクリックします。

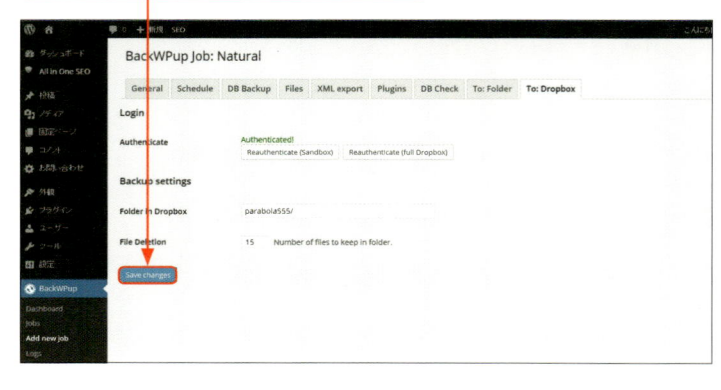

## Memo 変更を保存する

ここまでの変更を保存するために、必ず＜Save Changes＞をクリックしましょう。

## 3 バックアップを実行する

左ページの手順の続きです。

**1** <Run now>をクリックします。

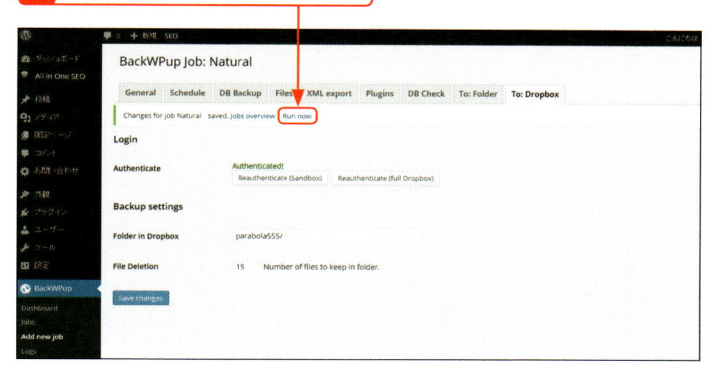

**2** バックアップが始まります。

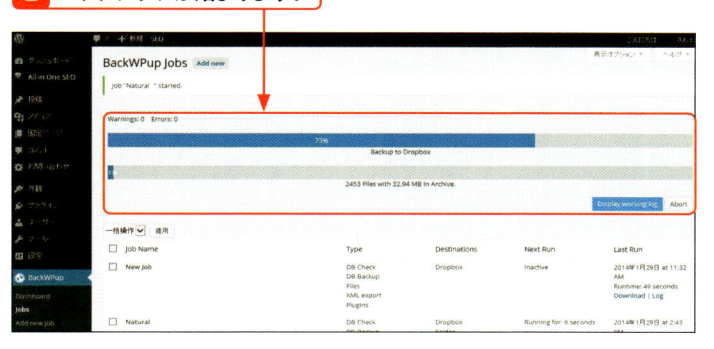

**3** バックアップが完了すると、Dropboxの<BackWPup>のフォルダにバックアップが保存されます。

### Memo 動作確認する

ここまで行ってきた設定が正しく動作するかどうか、確認を行います。これ以降は、P.227で設定した周期でバックアップがとられます。

### Step up WordPressの復元

バックアップしたデータを復元に使用する際は、バックアップしたデータをもとに、サーバー上でファイルを復元し、データベースをインポートする必要があります。

## Section 69 サイトの管理者を複数にしよう

**覚えておきたいキーワード**
▶ ユーザーの追加
▶ 権限
▶ 管理

WordPressを複数のユーザーで使用する場合、ユーザーによって使用できる機能の範囲を変えることができ、元々の管理者が全ての権限をもってそれらを管理できます。また、それぞれのユーザーが自分のプロフィールを掲載することが可能です。

### 1 ユーザーを追加する

**Memo 管理者の追加**

サイトの管理者を追加することで、複数のユーザーがダッシュボードにログインできるようになります。また、それぞれのユーザーごとに操作できる範囲を設定することができます（P.231 Hint参照）。

ダッシュボードを表示しています。

1 <ユーザー>にカーソルを合わせて、

2 <新規追加>をクリックします。

3 新しいユーザーに関する情報を入力します。

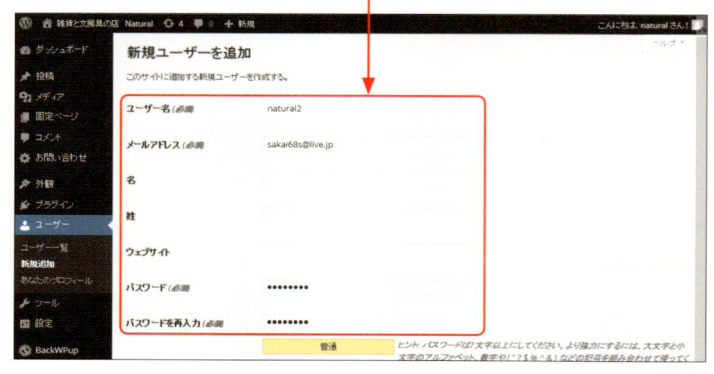

**Memo 入力必須事項**

ユーザー名とメールアドレス、パスワードについては必ず入力してください。それ以外の項目は任意です。

**4** 権限（右のHint参照）を選択し、

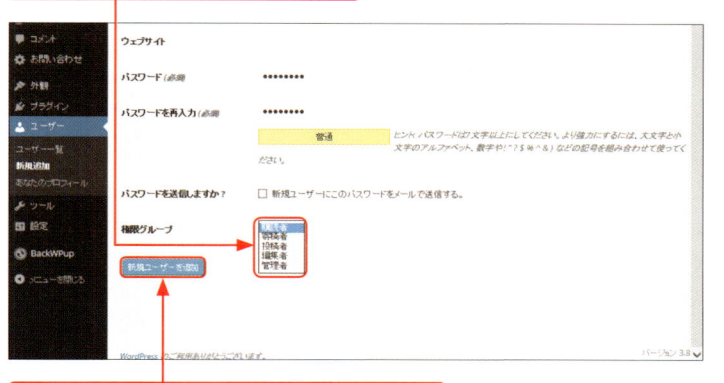

**5** <新規ユーザーを追加>をクリックします。

## 2 追加したユーザーでログインする

**1** 追加したユーザーのユーザー名とパスワードを入力し、

**2** <ログイン>をクリックします。

**3** 別のユーザーとして、ログインできました。

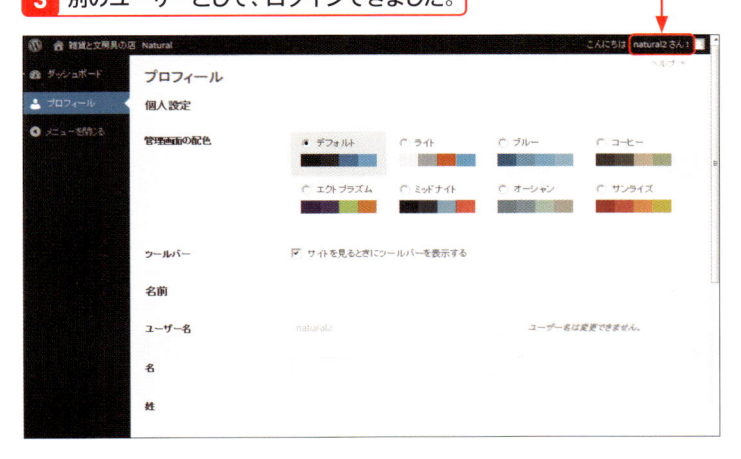

### Hint 権限の種類

管理者の権限には、以下の種類があります。

・管理者…全ての機能を利用可能。
・編集者…自分および他のユーザーの記事の公開や編集、カテゴリーの編集などが可能。
・投稿者…自分の記事を公開することが可能。
・寄稿者…記事の作成はできるが、公開はできない。

### Step up ユーザーの一覧を見る

P.230の手順**1**の画面で、<ユーザー一覧>をクリックすると、そのサイトの全てのユーザーを見ることができます。

### Memo 管理者以外のユーザーでログインした場合

管理者以外の権限を持ったユーザーとしてログインすると、ダッシュボードのサイドバーの機能が制限された状態で表示されます。

## Section 70 WordPressを更新しよう

WordPress は定期的に新しいバージョンへのアップグレードが行われています。最新バージョンを使用することは、セキュリティの面からもとても重要なことです。アップグレードのメッセージがダッシュボードに表示されたら更新の操作を行ってください。

**覚えておきたいキーワード**
- アップグレード
- 更新
- バージョン

### 1 WordPressをアップグレードする

**Memo WordPressの更新**

WordPressの機能などが改善された場合、新しいバージョンとして発表され、無料でアップグレードすることができます。

ダッシュボードを表示しています。

1. ダッシュボード上部に表示された黄色いバーの<更新してください>をクリックします。

2. <いますぐ更新>をクリックすると、WordPressが自動で更新されます。

**Hint アップグレードのメッセージ**

アップグレードが可能な場合、ダッシュボード上部にメッセージが表示されます。

# 付録

付録 1 ▶ WordPress を手動でインストールしよう
付録 2 ▶ ページ制作に便利なツール・サイト紹介

## 付録 01 WordPressを手動でインストールしよう

ロリポップをはじめとしたレンタルサーバーの多くでは、WordPress を簡単に使い始めることのできる自動インストール機能が用意されています。しかし、それらの機能を使わずに手動で WordPress のデータをサーバーにアップロードすることも可能です。

**覚えておきたいキーワード**
- データベース
- ダウンロード
- サーバー

### 1 データベースを作成する

**Memo　WordPressの手動インストール**

WordPressを手動インストールする場合は、WordPressのプログラムをレンタルサーバーにアップロードする、という操作を行います。ここでは、ロリポップサーバーを例にして解説します。

ロリポップにログインした状態です。

**1** ＜WEBツール＞にカーソルを合わせて、

**2** ＜データベース＞をクリックします。

**3** ＜データベース作成＞をクリックします。

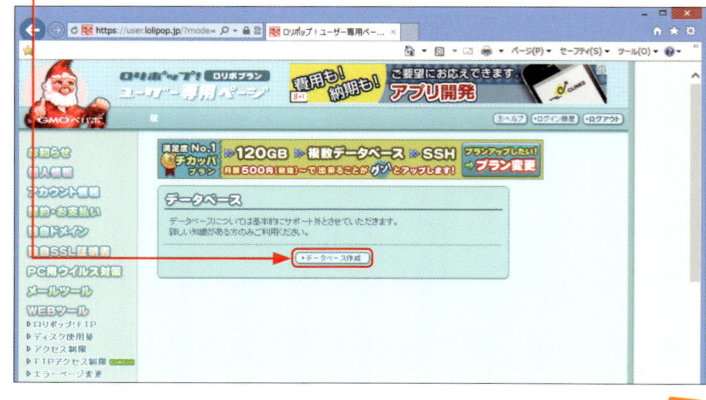

**Memo　ドメインとサーバの設定**

ドメインの取得とサーバのレンタル方法については、Sec.04とSec.05を参照してください。

**4** 「データベース名」と「接続パスワード」を設定し、

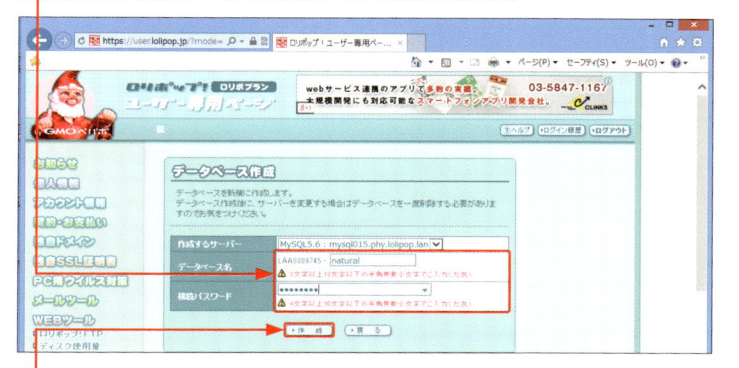

**5** <作成>をクリックします。

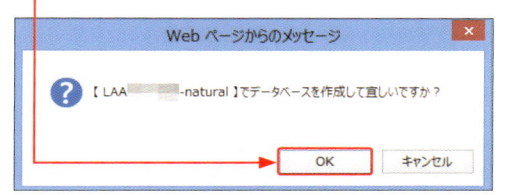

**6** <OK>をクリックします。

**7** <OK>をクリックします。

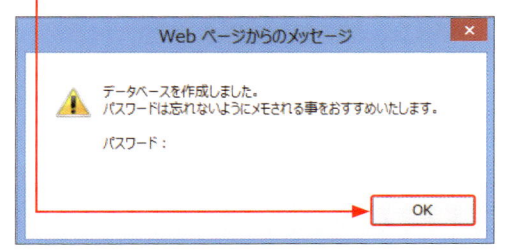

**8** 表示されたデータベースの情報を、メモしておきます。

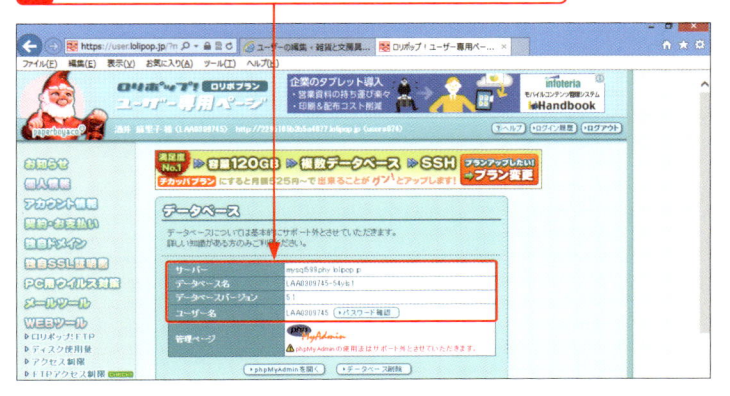

## Memo データベース名と接続パスワード

手順**4**の画面で設定するデータベース名と接続パスワードは、好きなものを設定して問題ありませんが、この後の設定に必要なものなので、必ず控えておきましょう。

## Memo データベースの削除

手順**8**の画面で<データベース削除>をクリックすると、データベースを削除することができます。

## 2 WordPressをダウンロードする

**📄 Memo　ダウンロードしたファイル**

ダウンロード時に場所を指定しなかった場合、ファイルは＜ダウンロード＞フォルダへ保存されます。

前ページの手順の続きです。

**1** WordPressのサイト（http://ja.wordpress.org/）にアクセスして、

**2** ＜WordPressをダウンロード＞をクリックし、続けて＜保存＞をクリックします。

**3** ダウンロードが完了したら、＜ファイルを開く＞をクリックします。

**4** ＜すべて展開＞をクリックし、続けて＜展開＞をクリックします。

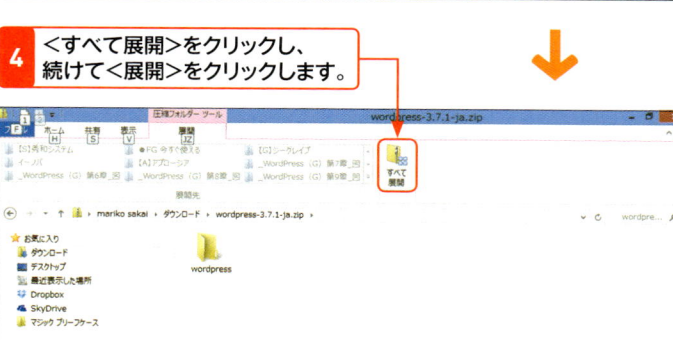

**❗ Hint　圧縮ファイルの展開**

展開の操作は、使用しているソフトやOSなどによって異なります。

## 3 WordPressのファイルを編集する

左ページの手順の続きです。

**1** 展開したファイルの中の、「wp-config-sample.php」をテキストエディタで開きます。

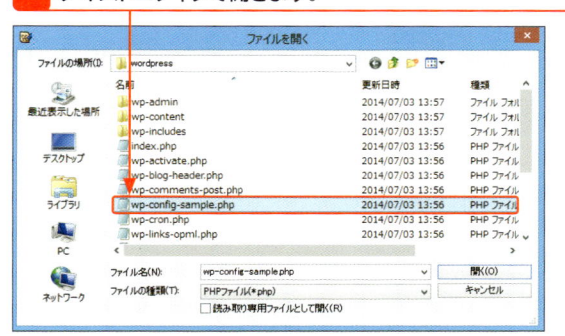

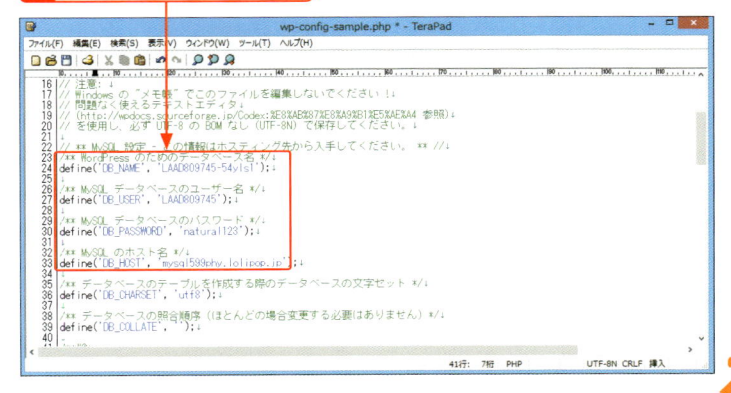

### Hint テキストエディタ

「wp-config-sample.php」を開くときには、Windowsのメモ帳は使わずに、別のテキストエディタを使いましょう。この本では、無料で利用できる、フリーソフトウェアのテキストエディタ「TeraPad」（http://www5f.biglobe.ne.jp/~t-susumu/library/tpad.html）を使用しています。あらかじめテキストエディタをダウンロードおよびインストールしてから、手順**1**を行ってください。

**2** データベース名などを書きかえます。詳しくは右のMemoを参照してください。

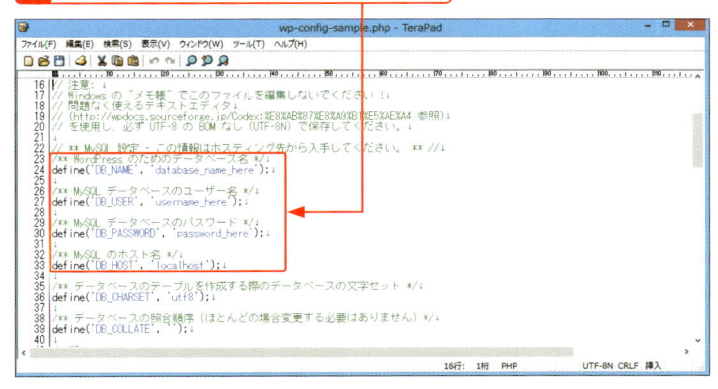

**3** 書きかえが完了しました。

### Memo 書きかえる内容

手順**2**では、データベースの情報を書きかえていきます。手順**2**の画面の「' '」に囲まれた以下の文字列を、それぞれ次のように書きかえてください。

- 「database_name_here」
  → P.235手順**8**の画面の「データベース名」にある文字列
- 「user_name_here」
  → P.235手順**8**の画面の「ユーザー名」にある文字列
- 「password_here」
  → P.235手順**4**で接続パスワードに設定した文字列
- 「localhost」
  → P.235手順**8**の画面の「サーバー」にある文字列

### 📄 Memo ファイル名の変更

手順6でのファイル名の変更は、今後の設定のために必要な操作ですので、忘れずに行いましょう。

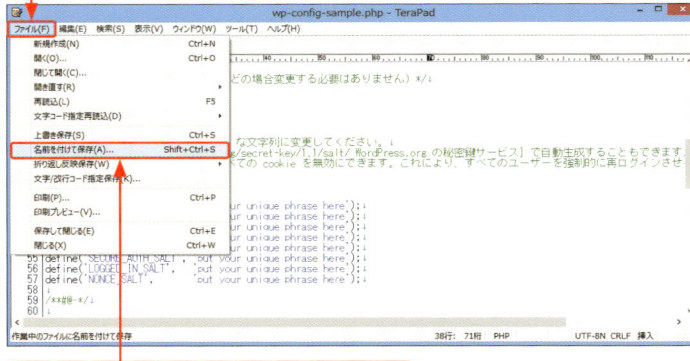

**4** <ファイル>をクリックして、

**5** <名前を付けて保存>をクリックして、

**6** 元のファイル名から「-sample」を削除して、「wp-config.php」とし、

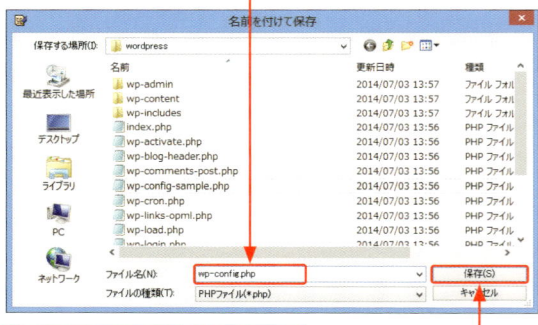

**7** <保存>をクリックします。

## 4 WordPressをサーバーにアップする

### 📄 Memo FileZillaとは

FileZillaは、無料で使用できるFTPソフトです。データベースをサーバーにアップロードする時にはこれらのFTPソフトが必要どなります。

上記の手順の続きです。

**1** FileZillaの日本語サイト（http://sourceforge.jp/projects/filezilla/releases/）にアクセスして、

**2** ダウンロードボタンをクリックし、続けて<保存>をクリックします。

**3** ダウンロードが完了したら、＜実行＞をクリックして、画面の手順に従ってセットアップを行います。

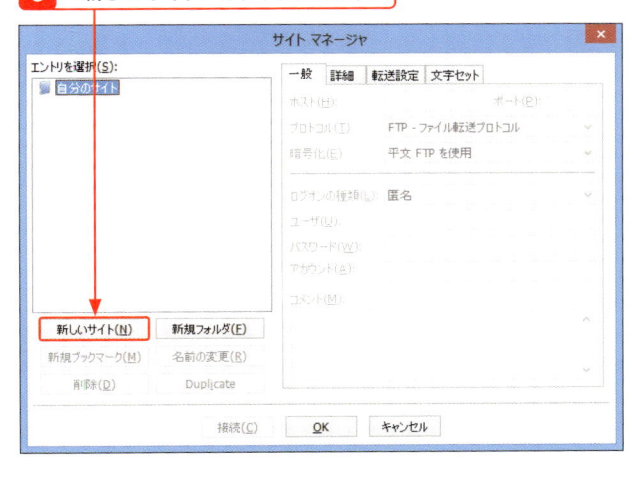

### 📄 Memo　セットアップの手順

セットアップ画面は英語で表示されますが、画面に従って＜Next＞などをクリックしていくことで、かんたんにインストールできます。

**4** FileZillaが起動したら、＜ファイル＞をクリックして、

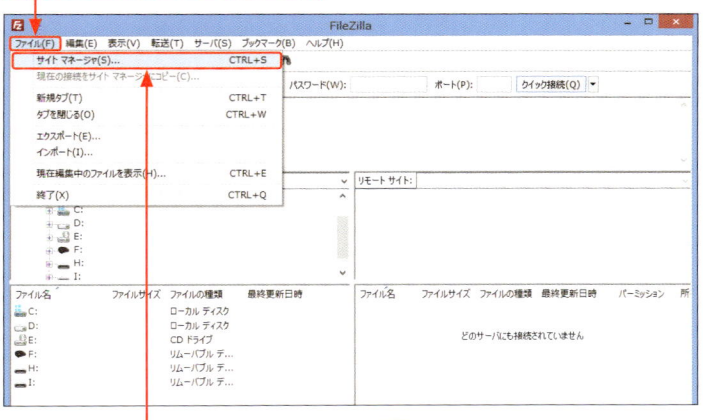

**5** ＜サイトマネージャ＞をクリックします。

**6** ＜新しいサイト＞をクリックします。

### ❗ Hint　サイトの登録

手順 **6** の画面では、どのサーバーにファイルをアップロードするかを設定します。

## 📝 Memo ロリポップの ユーザー専用ページ

ロリポップのユーザー専用ページは、ロリポップにログインすることで表示されます。詳しくは、Sec.05を参照してください。

**7** ロリポップのユーザー専用ページを開き、

**8** <アカウント情報>をクリックします。

**9** 画面を下にスクロールして、<サーバー情報>を表示します。

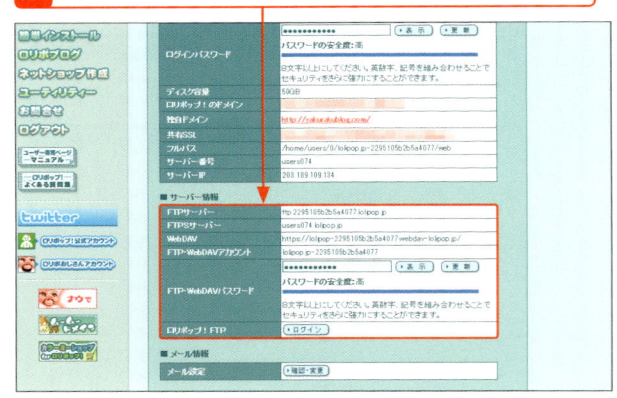

**10** 「ログオンの種類」で<通常>を選択し、

**11** <プロトコル>で<FTP-ファイル転送プロトコル>を選択して、

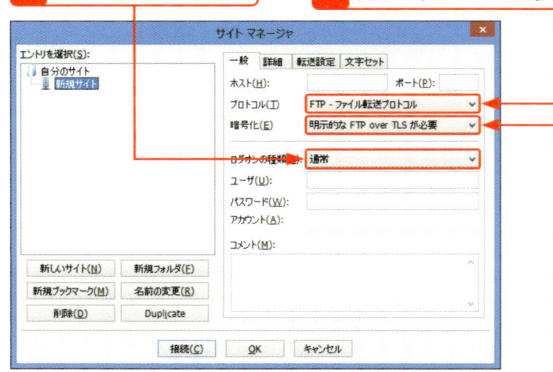

**12** <暗号化>で<明示的なFTP over TSLが必要>を選択し、

## 📝 Memo サーバー情報

手順 9 で表示したサーバー情報は、ファイルをアップロードするための重要な情報です。表示させたまま、手順 10 以降の操作を行いましょう。

**13** 「ホスト」、「ユーザ」、「パスワード」に、手順❾で表示した情報を入力します（右のMemo参照）。

**14** ＜接続＞をクリックします。

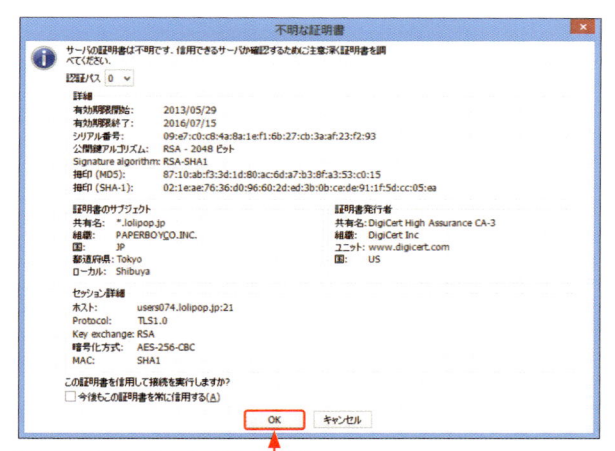

**15** ＜OK＞をクリックします。

**16** 「ローカルサイト」下部で、P.236でダウンロードした＜WordPress＞フォルダをクリックします。

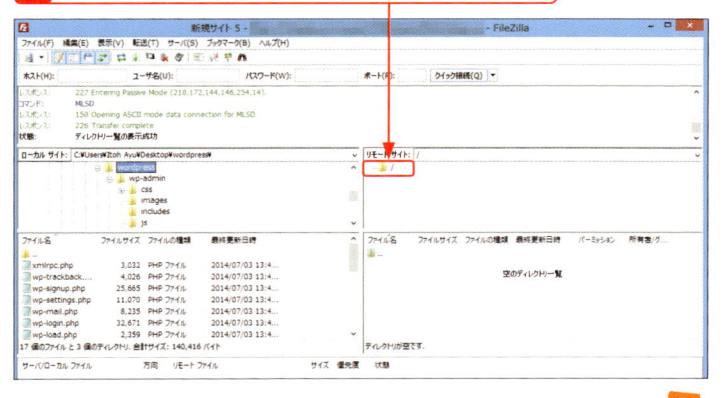

## 📄 Memo　サーバー情報の入力

前ページ手順❾で確認したサーバー情報のうち、以下のものを、手順⓭でサイトマネージャに入力してください。

- ホスト
  →「FTPSサーバー」にある文字列
- ユーザー
  →「FTP・WebDAVアカウント」にある文字列
- パスワード
  →「FTP/WebDAVパスワード」にある文字列

## ❗ Hint　パスワードの入力

手順⓭の画面で入力するパスワードは、P.235で設定したものとは異なるので注意しましょう。ここで入力するのは、手順❾の画面の、「FTP・WebDAVパスワード」となります。

## Memo ファイルの選択

手順17の画面では、ファイル・フォルダの種類に関わらず、全てのファイルとフォルダを選択しましょう。

**17** <WordPress>フォルダの中身をすべて選択します。

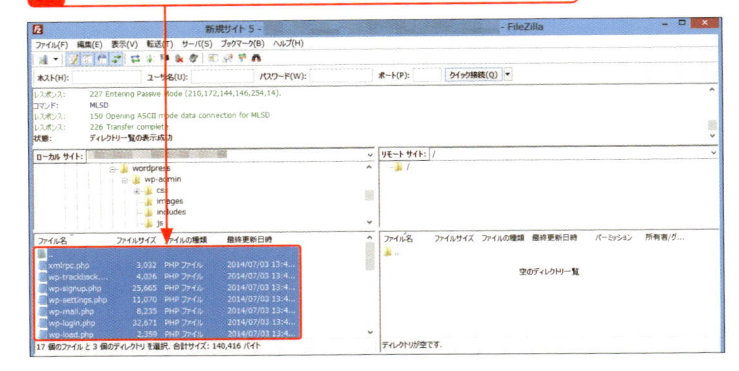

**18** 選択したファイルの上で右クリックして、

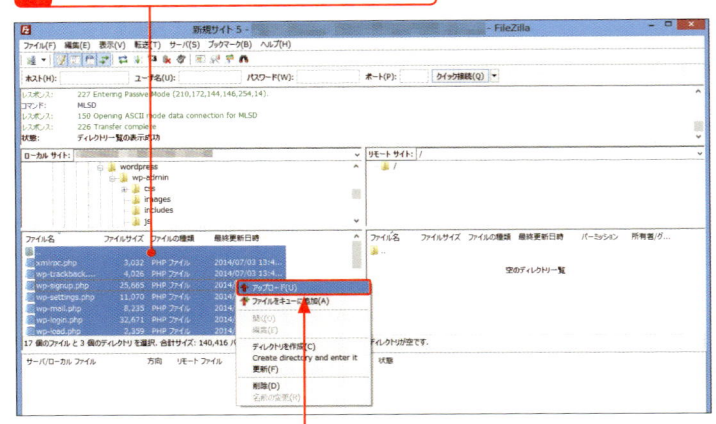

**19** <アップロード>をクリックします。

**20** ファイルのアップロードが完了しました。

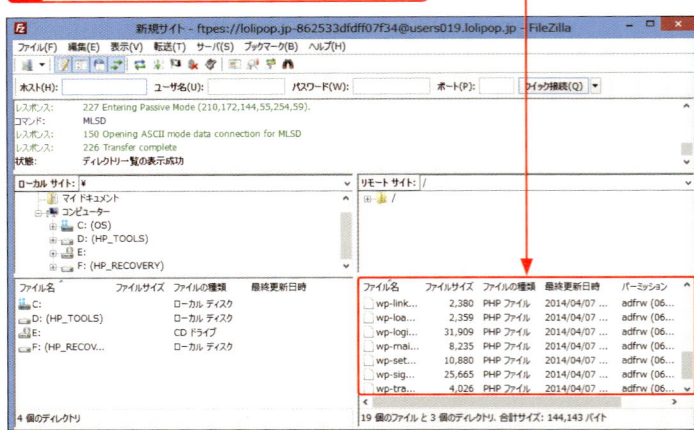

## Memo アップロードにかかる時間

手順19の操作を行うと、アップロードが完了するまで少し時間がかかる場合があります。

## 5 WordPressインストーラーを実行する

> 左ページの手順の続きです。

**1** 取得したドメインにアクセスし、

**2** ＜設定ファイルを作成する＞をクリックします。

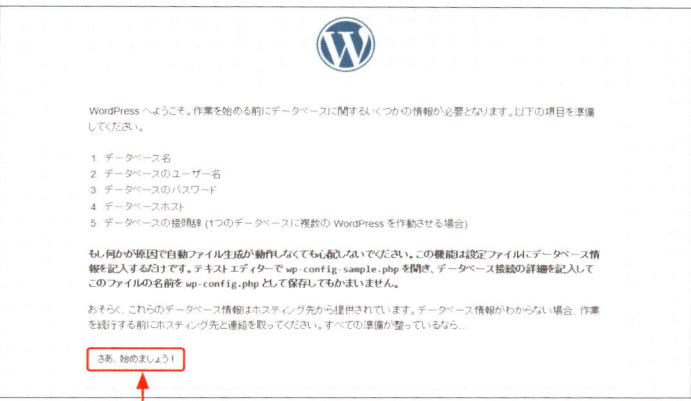

**3** ＜さあ、始めましょう！＞をクリックします。

**4** P.235の「データベース名」などの情報を入力して、

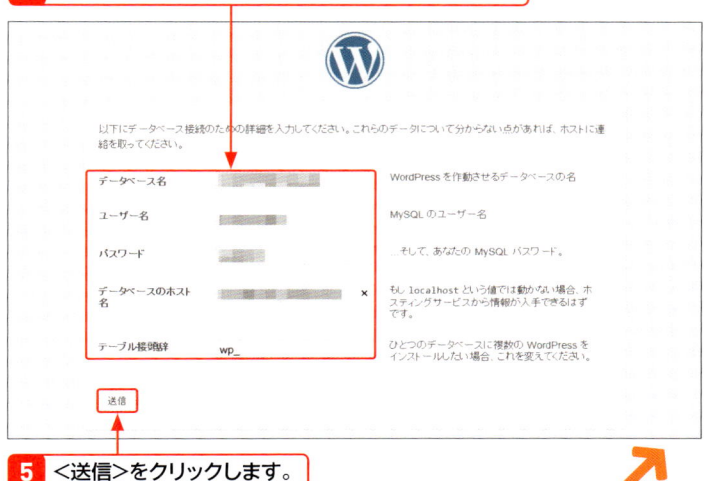

**5** ＜送信＞をクリックします。

### 📝 Memo　ドメインにアクセスする

取得したドメインにアクセスするとは、つまり取得したURLにアクセスするということです。ロリポップサーバーの場合は、P.240手順 **9** の画面の「独自ドメイン」（もしくは「サイトアドレス」）に記載されているURLにアクセスします。

### 📝 Memo　WordPressの設定

ロリポップでドメインも取得している場合などは、手順 **1** の操作の後に、P.244手順 **7** の画面に移動することがあります。

## Memo アカウントの設定

インストールが完了すると、アカウントやサイトの設定画面が開きます。アカウント情報を入力してWordPressのインストールを完了させてください。

**6** <インストール実行>をクリックします。

⬇

**7** サイト名やパスワードなどの情報を設定して、

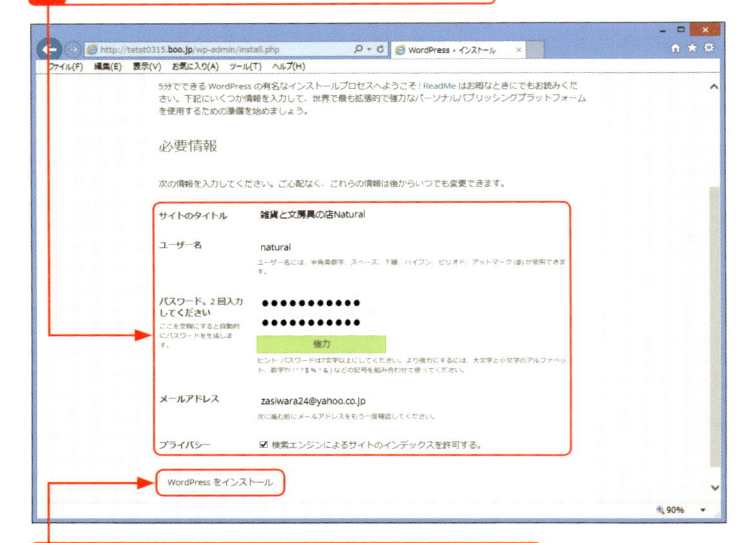

**8** <WordPressをインストール>をクリックします。

⬇

**9** WordPressのインストールが完了しました。

## Memo WordPressのユーザー名とパスワード

手順**7**で設定するユーザー名とパスワードは、WordPressにログインするために使用するものなので、必ず控えておきましょう。

## 6 WordPressにログインする

> 左ページの手順の続きです。

**1** <ログイン>をクリックします。

**2** ユーザー名とパスワードを入力して、

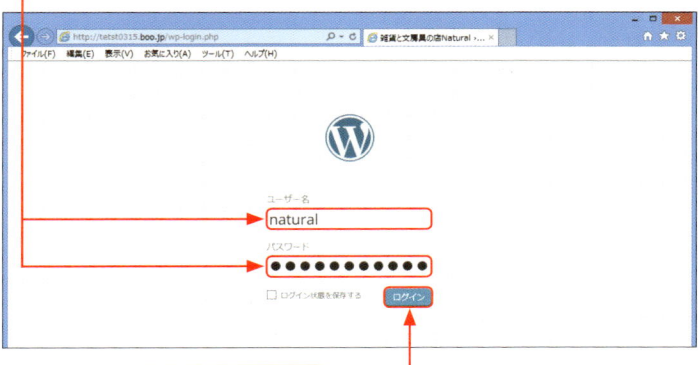

**3** <ログイン>をクリックします。

**4** ダッシュボードが表示されました。

---

**Memo　WordPressのログイン画面**

手順 2 のログイン画面はWordPressにログインするたびに使うページなので、ブックマークしておきましょう。

**Memo　WordPressログイン後の操作**

WordPressにログインした後の操作は、自動インストールを使用した場合と特に変わりありません。

245

付録 02

# ページ制作に便利な
# ツール・サイト紹介

**覚えておきたいキーワード**
- インストール
- フォーラム
- スマートフォン

WordPressでウェブサイト制作をするにあたって便利なソフトやサイトを紹介します。画像加工ソフトは、ヘッダー画像やギャラリー用の画像に使用することができます。また、WordPressの使い方を質問できるサイトや、著作権フリーの写真素材サイトなどもぜひ使ってみましょう。

## 1 「XnView」で写真を加工する

**Memo　XnView**

「XnView」は、エクスプローラー型の画像ビューワで、画像の編集を行うこともできます。公式サイト(http://www.xnview.com/en/)などから無料でダウンロードすることができます。

1. 「XnView」の公式サイト(http://www.xnview.com/en)から、ソフトをダウンロードして、画面の手順に従ってインストールします。

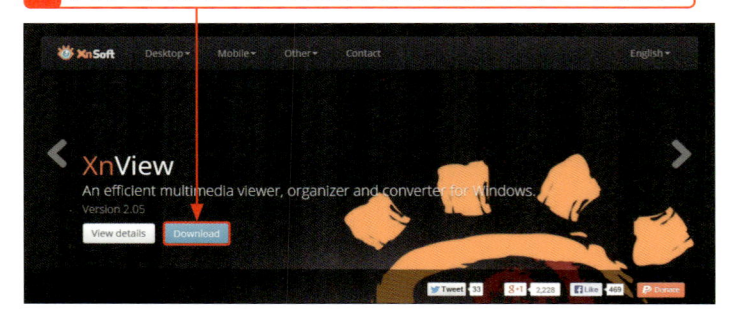

2. インストールしたXnViewを起動すると、写真の一覧が表示されるので、

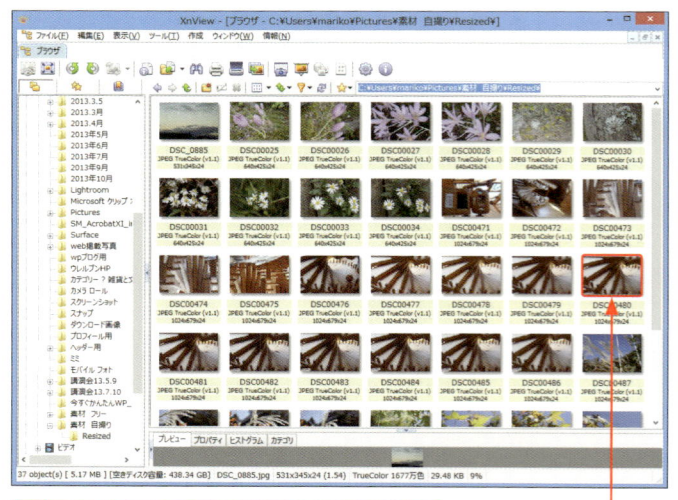

3. 加工したい写真をダブルクリックします。

**Hint　XnViewのインストール**

公式サイトの他、「窓の杜」や「Vector」、「Softnic」といったサイトからもダウンロードすることができます。

**4** 上部のボタンから明るさやコントラストの調整、トリミングなどの加工を行うことができます。

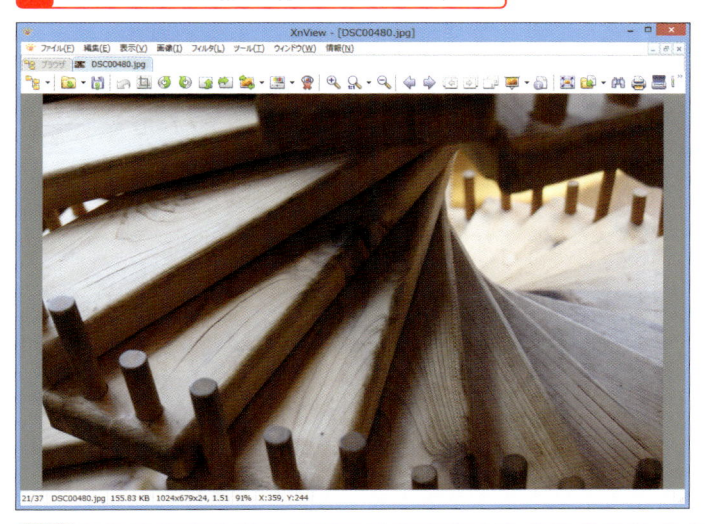

### 📄 Memo　XnViewのバージョン

P.246手順❶の画面で＜Download＞をクリックすると、XnViewのダウンロードページが表示されます。機能のバリエーションによって、Minimal、Standard、Extendedの3種類のバージョンがありますが、どのバージョンも無料です。必要に応じてバージョンを選びましょう。ダウンロードの形式は、SetupとZip、使いやすい方を選んで構いません。

## 2 「縮小専用」で写真のサイズをそろえる

**1** 「縮小専用」公式サイト（http://i-section.net/）から、ソフトをダウンロードして、画面の手順に従ってインストールします。

### 📄 Memo　「縮小専用」とは

「縮小専用」は、写真のファイルサイズを変換するためのフリーソフトです。公式サイト（http://i-section.net/）などから無料でダウンロードすることができます。

**2** インストールした縮小専用を起動し、

**3** 縮小したいサイズを選択して、

**4** 変換後ファイルの保存方法を選択し、

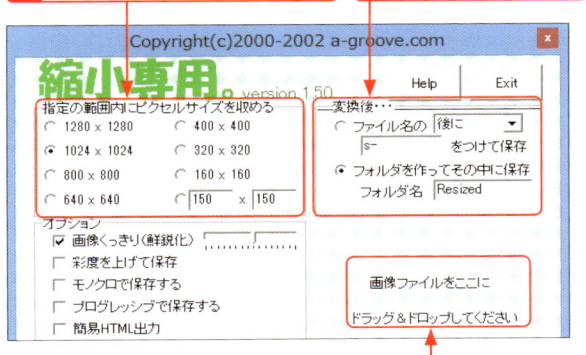

**5** 写真をドラッグ&ドロップします。

### ❗ Hint　ファイルの保存方法

手順❶の画面で、「ファイルの後に-sをつけて保存」を選択した場合は、元の写真と同じフォルダ内に「元のファイル名-s」という名前で、リサイズした写真が保存されます。

Appendix 02 ページ制作に便利なツール・サイト紹介

付録

247

## 3 WordPressフォーラムで分からないことを調べる

### Memo フォーラムとは

WordPress公式のサポートサイトです。ユーザーからの質問の投稿と、それに対するユーザーによる回答で成り立っており、キーワードや項目から分からないことを調べることができます。

**1** フォーラムのページ（http://ja.forums.wordpress.org/）にアクセスします。

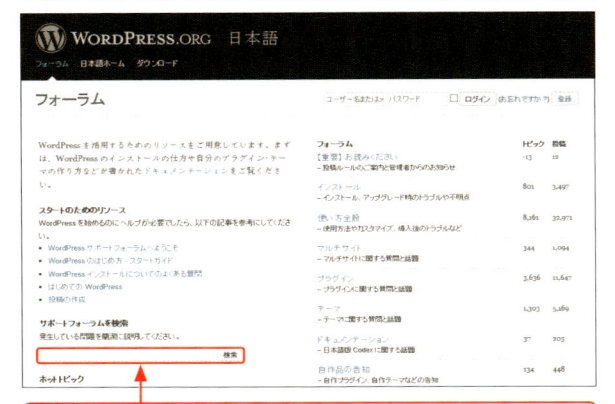

**2** 検索ウィンドウに調べたいことを入力して検索できます。

### Memo 項目を選ぶ

手順**3**の画面で、「フォーラム」の下部には、「インストール」や「プラグイン」といった項目ごとに、トピックスがまとめられています。

**3** 「フォーラム」下部の一覧の項目をクリックすると、

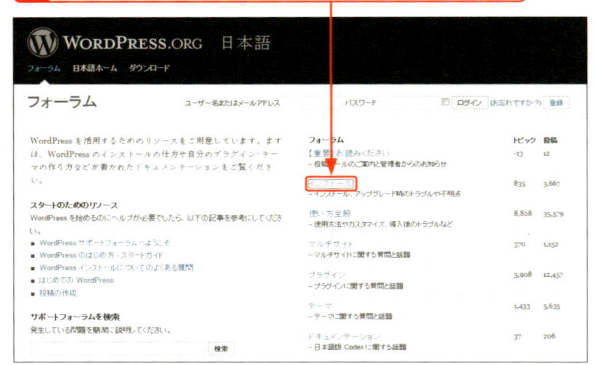

**4** 項目に関連するトピックが表示されます。

### Memo トピックを読む

手順**4**の画面で、各トピックのタイトルをクリックすると、そのトピックの詳細ページが開きます。

## 4 著作権フリーの写真素材サイト

### 足成（http://www.ashinari.com/）

商用・個人利用を問わず、完全無料、著作権表記フリーの写真素材サイトです。人物モデル写真にもいろいろなテーマのものがあり、バリエーション豊富な素材がそろっています。更新頻度も高く、季節に合った写真も多くあります。

### 写真AC（http://www.photo-ac.com/）

写真ACは、会員登録をするだけで、いろいろな写真を無料で使用することができます。こちらも商用利用可、著作権表記も不要となっています。さまざまなカテゴリの写真が用意されているので、自分のウェブサイトに似合う写真も見つかることでしょう。

### food.foto（http://food.foto.ne.jp/）

プロのカメラマンによる食材写真を、全て無料で使用することができます。野菜や果物といった食材から、料理、飲み物など、食に関係するいろいろな写真が提供されています。

Appendix 02　ページ制作に便利なツール・サイト紹介

付録

249

## 5 画像編集フリーソフト

### GIMP（http://www.gimp.org/）

GIMPは、無料で使うことができる高性能な画像編集ソフトです。有料ソフトであるPhotoshopにも負けないほどの多くの機能が使用可能で、レイヤー機能も完備しており、画像の合成など、本格的な作業も行うことができます。

### Jtrim（http://www.woodybells.com/jtrim.html）

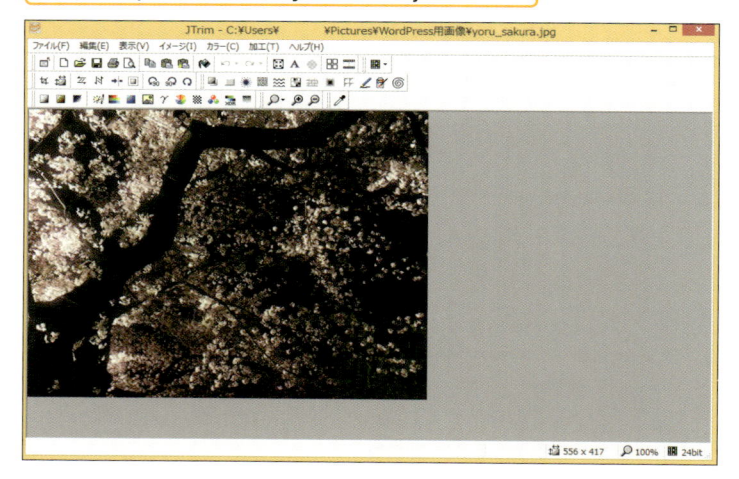

JTrimは、画像の加工や編集ができるフォトレタッチソフトです。分かりやすい画面で、初心者でも簡単に操作できます。画像の色彩を変更したり、切り取ったり回転させることも可能です。

### PhotoScape（http://www.photoscape.org/ps/main/index.php）

PhotoScapeは、高機能な画像編集ソフトです。あらゆる画像編集機能に加え、GIFアニメを作ったり、画像を分割したりすることもできます。また、画像のファイル名を一括で変更する機能もあるので、デジカメで撮った写真の整理などにも便利です。

## 6 ロゴ作成・イラスト素材サイト

### 無料ロゴ作成.com（http://www.logo-kako.com/）

テキストを入力するだけで、ロゴマークをデザインして作成してくれるサービスです。様々なタイプのデザインがあり、好きなものを選んでロゴを作ることができます。

### 商用利用可のWEB素材が無料な素材屋（http://www.logo-kako.com/）

WEBサイトに適した様々な素材を無料で配布しているサイトです。アイコンやポイントといった基本的な素材から、ネットショップに適した素材などの具体的な素材まで、あらゆる素材があります。

### Illust AC（http://www.ac-illust.com/）

商用利用可能なイラスト素材を配布しているサイトです。「ビジネス」や「動物」など様々なイラストのカテゴリが用意されており、目的のイラストを探しやすくなっています。また、壁紙用の素材も配布しているので是非使ってみましょう。

# Index

## アルファベット

- Akismet ……………………………… 142
- All in One SEO Pack ……………… 216
- BackWPup …………………………… 224
- BizVektor …………………………… 54
- Broken Link Checker ……………… 222
- Category Order …………………… 150
- Contact Form 7 …………………… 130
- Dropbox ……………………………… 227
- Facebookと同時投稿する ………… 196
- Googleマップ ……………………… 104
- Image Widget ……………………… 154
- Jetpack ……………………………… 196
- Login LockDown …………………… 220
- PS Auto Sitemap ………………… 121
- SEO …………………………………… 216
- SEO対策を行う …………………… 216
- SI CAPTCHE Anti-Spam ………… 148
- TinyMCE Advanced ……………… 134
- Twitterウィジェット ……………… 208
- Twitterに自動投稿する …………… 202
- What's New Generator …………… 126
- WordPress …………………………… 12
- WordPressインストーラー ………… 243
- WordPressからログアウトする …… 31
- WordPressにログインする ………… 30
- WordPressの自動インストール …… 26
- WordPressの手動インストール …… 234
- WordPressのファイルを書き換える …… 237
- WordPressのログイン画面 ………… 30
- WordPressのログインに制限を設ける …… 220
- WordPressフォーラム ……………… 248
- WordPressを更新する ……………… 232
- WordPressをサーバーにアップする …… 238
- WordPressをダウンロードする …… 236
- WordPressを復元する ……………… 229
- WordTwit …………………………… 202
- WP Social Bookmarking Light …… 212
- WP-Total Hacks …………………… 164
- Wptouch Mobile Plugin …………… 164
- YouTube ……………………………… 100

## あ行

- アイキャッチ ………………………… 194
- アクティビティ ……………………… 32
- アサイドフォーマット ……………… 177
- 新しいパスワードを取得する ……… 30
- アバター ……………………………… 179
- 一括編集する（固定ページ） ……… 113
- 一括編集する（投稿） ……………… 184
- 一般設定画面 ………………………… 35
- インターネット上でテーマを探す … 54
- ウィジェット ………………… 13, 108
- ウィジェットの種類 ………………… 108
- ウィジェットのタイトル …………… 109
- ウィジェットを使用する …………… 108
- ウェブサイトのアドレス …………… 40
- ウェブサイトのページ構成 ………… 68
- ウェブサイトを作る流れ …………… 15
- ウェブサイトを表示する …………… 40
- 埋め込む地図のカスタマイズ ……… 105
- 大きな地図で表示する ……………… 105
- おすすめや最新のテーマ …………… 53
- おすすめや最新のプラグイン ……… 119
- お問い合わせページ ………………… 68
- お店の情報ページ …………………… 68
- 親カテゴリー ………………………… 174
- 親ページ ……………………………… 86

## か行

- 外部リンクをメニューに追加する … 89
- 画像に張ったリンクを解除する …… 77
- 画像にリンクを張る ………………… 77
- 画像認証 ……………………………… 148
- 画像の位置とテキスト ……………… 79
- 画像のキャプション ………………… 97
- 画像のサイズを縮小する …………… 95

| | | | |
|---|---|---|---|
| 画像のサイズを揃える | 247 | 子カテゴリー | 174 |
| 画像のタイトル | 97 | 子カテゴリーを作成する | 174 |
| 画像の表示設定 | 73 | 固定フロントページ | 81 |
| 画像の編集画面を開く | 92 | 固定ページ | 67 |
| 画像のレイアウトを変更する | 79 | 固定ページを作成する | 70 |
| 画像を加工する | 246 | 子ページ | 86 |
| 画像を削除する | 79 | 子ページを作成する | 87 |
| 画像を挿入する | 72 | ゴミ箱 | 182 |
| 画像をフォルダから選択して追加する | 91 | ゴミ箱から戻す | 183 |
| 画像を復元する | 95 | ゴミ箱に入れる | 182 |
| 画像をランダム表示する | 98 | コメント | 186 |
| カテゴリー | 166, 170, 172 | コメントに返信する | 188 |
| カテゴリーの表示順を変える | 150 | コメント欄に画像認証を設置する | 148 |
| カテゴリーを削除する | 175 | コメント欄を非表示にする | 106 |
| カテゴリーを作成する | 170 | コメントを承認しない | 188 |
| カテゴリーを設定する | 171 | コメントを承認する | 97 |
| カテゴリーを編集する | 173 | コメントを承認制にする | 96 |
| カテゴリーをメニューに表示する | 192 | コメントをスパム報告する | 189 |

## さ行

| | | | |
|---|---|---|---|
| 管理者 | 231 | サーバー | 17, 22 |
| 管理者以外でログインする | 231 | サーバーのアカウント情報 | 240 |
| 管理者を複数にする | 230 | サーバーをレンタルする | 22 |
| キーワード | 218 | サイズを指定してトリミングする | 94 |
| 寄稿者 | 231 | サイト全体のSEO対策をする | 217 |
| 記事の背景に色を付ける | 177 | サイトタイトルとキャッチフレーズの非表示 | 35 |
| 記事を先頭に固定する | 169 | サイトのタイトル | 34 |
| 記事を編集する | 180 | サイドバー | 43, 108 |
| 既存のコンテンツにリンクを張る | 76 | サイドバーから削除する | 109 |
| キャッチフレーズ | 34 | サイドバーに画像を表示する | 154 |
| ギャラリー | 96 | サイトマップを表示する | 120 |
| ギャラリーのカラム数 | 98 | 時刻の表示設定 | 36 |
| ギャラリーを削除する | 99 | 下書きページを公開する | 125 |
| ギャラリーを作成する | 96 | 写真を回転・反転する | 93 |
| ギャラリーを編集する | 99 | 写真を縮小する | 95 |
| クイック編集する(カテゴリー) | 173 | 写真をトリミングする | 94 |
| クイック編集する(固定ページ) | 114 | 写真をライブラリに追加する | 90 |
| クイック編集する(投稿) | 181 | 縦横比を保ってトリミングする | 94 |
| 公式テーマ | 44 | 集中執筆モード | 75 |
| 更新情報の設定をする | 127 | | |
| 更新情報を掲載する | 126 | | |

| | |
|---|---|
| 条件を指定して一括編集する（投稿） | 185 |
| 商品の紹介ページ | 68 |
| 新規投稿する | 168 |
| ステータスフォーマット | 179 |
| スパムコメント | 142 |
| スパムコメント対策をする | 142 |
| スパム報告を取り消す | 189 |
| スラッグ | 170 |
| 全幅ページテンプレート | 69 |
| ソーシャルボタン | 212 |
| ソーシャルボタンの種類 | 214 |
| ソーシャルボタンの表示 | 214 |
| ソーシャルボタンを設置する | 212 |

### た行

| | |
|---|---|
| ダッシュボード | 13, 32 |
| ダッシュボードのメニュー | 33 |
| 地図のサイズを変更する | 105 |
| 地図を表示する | 105 |
| 続きを読む | 190 |
| 停止中のプラグインを有効化する | 163 |
| データのバックアップをとる | 224 |
| データベースを削除する | 235 |
| データベースを作成する | 234 |
| テーマ | 13, 42 |
| テーマのインストール | 53 |
| テーマの構成 | 43 |
| テーマの説明を見る | 53 |
| テーマのダウンロード | 55 |
| テーマの有効化 | 44 |
| テーマを検索する | 52 |
| テキストウィジェット | 210 |
| テキストエディタ | 100 |
| デフォルトテンプレート | 69 |
| テンプレート | 69 |
| 動画の開始時間を設定する | 100 |
| 動画のサイズを指定して埋め込む | 102 |
| 動画をアップする | 101 |
| 動画を埋め込む | 101 |

| | |
|---|---|
| 動画を再生する | 103 |
| 投稿 | 66, 166 |
| 投稿画面でカテゴリーを追加する | 172 |
| 投稿画面の機能を拡張する | 134 |
| 投稿者 | 231 |
| 投稿者の名前を表示する | 179 |
| 投稿フォーマット | 176 |
| 投稿ページ | 82 |
| 投稿を検索する | 185 |
| 投稿を予約公開する | 181 |
| トップページ | 70 |
| ドメイン | 16, 18 |
| ドメインを取得する | 18 |

### は行

| | |
|---|---|
| パーマリンク | 38 |
| パーマリンクの種類 | 39 |
| パーマリンクの設定 | 38 |
| パーマリンクの設定を確認する | 39 |
| 背景 | 43 |
| 背景画像の削除 | 51 |
| 背景画像の表示方法 | 50 |
| 背景画像の変更 | 50 |
| 背景画像を確認する | 49 |
| 背景色の設定 | 49 |
| 背景色を確認する | 49 |
| 背景に適した画像 | 50 |
| パスワード付きのページを閲覧する | 111 |
| パスワードをかける（投稿） | 169 |
| パスワードを設定する（固定ページ） | 110 |
| バックアップの設定をする | 225 |
| バックアップを実行する | 229 |
| ビジュアルエディタ | 74 |
| 日付の表示設定 | 36 |
| 日付表示のカスタマイズ | 37 |
| 日付表示の書式設定 | 37 |
| 表を挿入する | 139 |
| 複数のカテゴリーを設定する | 171 |
| プラグイン | 116 |

| プラグインの管理画面を表示する | 118 |
| プラグインを検索する | 119 |
| プラグインを更新する | 162 |
| プラグインを削除する | 161 |
| プラグインを停止する | 160 |
| プラグインを有効化する | 122 |
| プレビュー（固定ページ） | 71 |
| ブログ | 166 |
| プロフィール編集 | 32 |
| フロントページ | 80 |
| フロントページテンプレート | 69 |
| ページごとにSEO対策をする | 219 |
| ページのID | 121 |
| ページのステータス | 110 |
| ページを編集する | 112 |
| ヘッダー画像 | 43, 45 |
| ヘッダーテキスト色 | 48 |
| ヘッダーに適した画像 | 45 |
| ヘッダーロゴ画像 | 59 |
| 編集者 | 231 |

### ま行

| ムームードメイン | 18 |
| メールフォームを設置する | 130 |
| メールフォームを設定する | 131 |
| メディアライブラリ | 90 |
| メディアを追加 | 73 |
| メニュー | 43, 88, 192 |
| メニューから削除 | 89 |
| メニュー名の変更 | 89 |
| メニューを表示する | 88 |
| 文字色の設定 | 47 |
| 文字に張ったリンクを解除する | 77 |
| 文字にリンクを張る | 76 |
| 文字の色を変更する | 75 |
| 文字のレイアウトを変更する | 78 |
| 文字を斜体にする | 75 |
| 文字を中央揃えにする | 78 |
| 文字を太字にする | 74 |

### や行・ら行

| ユーザーの権限の種類 | 231 |
| よく使うカテゴリーを表示する | 172 |
| ライブラリの写真を編集する | 92 |
| リンク切れ | 222 |
| リンク切れの通知を受け取る | 223 |
| リンク切れを自動で確認する | 222 |
| リンクの文字を目立たせる | 178 |
| リンクフォーマット | 178 |
| レンタルサーバーのプラン | 23 |
| 連絡先を設定する | 60 |
| ロリポップレンタルサーバー | 22 |

## お問い合わせについて

本書に関するご質問については、本書に記載されている内容に関するもののみとさせていただきます。本書の内容と関係のないご質問につきましては、一切お答えできませんので、あらかじめご了承ください。また、電話でのご質問は受け付けておりませんので、必ずFAXか書面にて下記までお送りください。
なお、ご質問の際には、必ず以下の項目を明記していただきますようお願いいたします。

1. お名前
2. 返信先の住所またはFAX番号
3. 書名（今すぐ使えるかんたん WordPress入門）
4. 本書の該当ページ
5. ご使用のOSとソフトウェアのバージョン
6. ご質問内容

なお、お送りいただいたご質問には、できる限り迅速にお答えできるよう努力いたしておりますが、場合によってはお答えするまでに時間がかかることがあります。また、回答の期日をご指定なさっても、ご希望にお応えできるとは限りません。あらかじめご了承くださいますよう、お願いいたします。
ご質問の際に記載いただきました個人情報は、回答後速やかに破棄させていただきます。

## 問い合わせ先

〒162-0846
東京都新宿区市谷左内町21-13
株式会社技術評論社　書籍編集部
「今すぐ使えるかんたん WordPress入門」質問係
FAX：03-3513-6167
URL：http://book.gihyo.jp

## ■お問い合わせの例

### FAX

1. お名前
   技術　太郎
2. 返信先の住所またはFAX番号
   03-XXXX-XXXX
3. 書名
   今すぐ使えるかんたん
   WordPress入門
4. 本書の該当ページ
   90ページ
5. ご使用のOSとソフトウェアのバージョン
   Windows 8.1
   WordPress ver.3.9
6. ご質問内容
   写真を追加できない

---

# 今すぐ使えるかんたん WordPress入門

2014年9月5日　初版　第1刷発行
2016年3月25日　初版　第2刷発行

著　者●富士ソフト
発行者●片岡　巌
発行所●株式会社　技術評論社
　　　　東京都新宿区市谷左内町21-13
　　　　　電話　03-3513-6150　販売促進部
　　　　　　　　03-3513-6160　書籍編集部
編集●富士ソフト
担当●伊藤　鮎
装丁●田邉　恵里香
本文デザイン●菊池　祐（ライラック）
DTP●富士ソフト
製本／印刷●大日本印刷株式会社

定価はカバーに表示してあります。

落丁・乱丁がございましたら、弊社販売促進部までお送りください。
交換いたします。
本書の一部または全部を著作権法の定める範囲を超え、
無断で複写、複製、転載、テープ化、ファイルに落とすことを禁じます。

ISBN978-4-7741-6636-0 C3055

Printed in Japan